气象观测装备故障维修手册系列丛书

U1058723

DZZ6 型自动气象站维修手册

中国气象局综合观测司

气象出版社
China Meteorological Press

内 容 简 介

本手册简述了 DZZ6 型自动气象站的设备外观及结构、组成及功能、设备配置清单和技术参数等；分析和讨论了 DZZ6 型自动站的技术特征和故障特点，提出了按照故障现象划分故障等级的分级索引原则；重点描述了以设备故障现象为索引，以故障维修、硬件置换、软件及参数配置为重点的故障排除方法和具体操作流程；分别介绍了 DPZ1 型综合集成硬件控制器、DNQ1 型能见度仪和 DSC1 型称重式降水传感器等既能够独立使用又可以作为自动站组成部分的智能传感器的故障排除方法。

本手册可作为气象装备分级保障、地面观测和气象仪器生产研发等相关领域的业务技术人员和气象装备保障业务管理部门的工具书，也可以作为相关院校或培训机构气象仪器技术等专业的参考书籍。

图书在版编目(CIP)数据

DZZ6 型自动气象站维修手册 / 中国气象局综合观测司编著. — 北京 ：气象出版社，2019.9(2022.7 重印)

ISBN 978-7-5029-7022-2

Ⅰ.①D… Ⅱ.①中… Ⅲ.①自动气象站-维修-技术手册 Ⅳ.①TH765.707-62

中国版本图书馆 CIP 数据核字(2019)第 174383 号

DZZ6 型自动气象站维修手册

中国气象局综合观测司

出版发行：气象出版社

地　　址：北京市海淀区中关村南大街 46 号　　**邮政编码**：100081

电　　话：010-68407112(总编室)　010-68408042(发行部)

网　　址：http://www.qxcbs.com　　**E-mail**：qxcbs@cma.gov.cn

责任编辑：林雨晨　　**终　　审**：吴晓鹏

责任校对：王丽梅　　**责任技编**：赵相宁

封面设计：博雅思企划

印　　刷：北京中石油彩色印刷有限责任公司

开　　本：787 mm×1092 mm　1/16　　**印　　张**：12

字　　数：307 千字

版　　次：2019 年 9 月第 1 版　　**印　　次**：2022 年 7 月第 3 次印刷

定　　价：80.00 元

《气象观测装备故障维修手册系列丛书》
总编委会

主　任： 于新文

副主任： 王劲松　李良序

成　员： 李　麟　李昌兴　朱小祥　赵均壮

邵　楠　房岩松　侯　柳

《DZZ6 型自动气象站维修手册》
编写组

主　编： 刘晋生

副主编： 赵均壮　潘　军

成　员： 王佳明　安学银　干兆江　安忠亮

曹兴锋　徐　鑫　刘冰鑫　宋传经

夏挺凯　高　林

总　序

综合气象观测是气象和地球相关学科业务与科研的重要基础，在气象防灾减灾、应对气候变化和生态文明建设中占有重要地位。推动以智慧气象为标志的气象现代化建设，全面建成现代化气象强国，离不开综合智能、稳定可靠运行的气象观测系统，因此，加强观测保障业务能力建设尤为重要。

《全国气象现代化发展纲要（2015—2030 年）》提出“建成信息化的装备保障业务”，《综合气象观测业务发展规划（2016—2020 年）》明确提出“加强技术装备保障能力建设”“增强维护维修能力，建立装备分级保障及评价制度”，为新时代装备保障业务发展指明方向。近年来，我国气象装备保障工作取得长足的进步，装备保障能力显著提升。装备保障业务一体化系统在全国气象部门推广应用，实现了气象观测装备从出厂到报废全寿命跟踪管理。在国、省两级完成气象观测装备维修测试平台的建设，核心业务装备自主保障能力进一步增强，实现了气象计量检定业务的自动化和批量化以及全国地市移动校准维修系统的全覆盖。

同时，装备保障工作也面临诸多挑战，一是保障的类别多、数量大、分布广，需要运行保障的装备有各种气象观测站 60000 多个、各类观测装备 270 多种，覆盖全国 96％的乡镇；二是保障业务有时限性要求。出现装备故障时要迅速响应，在规定的时间内完成保障任务。比如：国家级地面气象观测站在台站的维修时限为 12 小时，地市级维修时限为 24 小时，省级维修时限为 36 小时。三是新装备新技术对保障工作提出新要求。随着高新技术的不断应用，低功耗、高精度、可见光红外和微波全波段组合观测技术、固态发射机、相控阵技术以及大气成分观测等新型探测技术进入观测业务系统，装备保障技术需要与时俱进、开拓创新，不断跟踪和掌握新型技术装备的保障工作。

面对新形势、新挑战和新要求，装备保障要更好地为气象现代化和全面实现气象观测自动化做好基础支撑，首先，要提高气象观测技术装备保障业务水平。建设装备保障综合业务系统，统一技术标准和业务平台，加快建设各级互联互通、涵盖装备保障各项功能的综合业务系统。制定各类气象观测技术装备诊断维修、维护巡检业务标准，完善各类技术装备维护维修业务规定。针对各类气象观测系统运行特点和各地实际，分类建立适应观测系统运行要求的维护维修保障模式，提升气象观测技术装备综合保障能力。其次，要健全装备保障业务体制机制。完善自主保障和社会化保障有机结合的工作机制，结合技术装备运行特点和各地实际，逐步推进数量多、分布广、维护简易的装备维护维修保障社会化，实现自主保障和社会化保障有机结合。加强综合气象观测业务统筹协调，在观测系统建设的同时，同步建设相应的装备保障系统。建立运行监控、维护维修、计量检定和储备供应业务间分工协作、上下衔接、左右配合的联动机制，形成装备保障业务合力，提高业务运行效率。最后，要加强装备保障科技支撑和队伍建设。鼓励各级各单位装备保障技术创新活动，引导和促进创新成果业务转化和应用。完善装备保障业务岗位设置和激励机制，稳定装备保障队伍，完善装备保障业务培训机制，不断提高保障业务人员的业务水平和专业技能。

因此，中国气象局综合观测司通过充分调研，编制印发了《省级气象观测装备维修业务分级指导意见》，并组织全国天气雷达、新型自动气象站及探空雷达的技术专家及相关生产厂家编写了《DZZ4 型自动气象站维修手册》等系列维修手册（以下简称《维修手册》），完善了省（区、市）、地（市）、县级气象部门维修业务流程和运行机制，针对不同装备运行特点和实际维修需求，制定分级分类维修标准，规范维修业务流程。

《维修手册》一共十二册，涵盖了观测业务中各种型号的天气雷达、新型自动气象站及探空雷达等观测装备，其中天气雷达七册、探空雷达一册、新型自动气象站四册。《维修手册》以装备基本原理和故障现象为索引，以具体故障诊断处理方法和操作流程为主线，还给出了关键点维修测试流程及仪器仪表操作方法，主要内容包括设备概况、基本清单、技术指标、故障现象和索引列表、故障诊断和排除方法、测试维修流程、仪器仪表操作方法和附录等。

《维修手册》正是满足了广大基层保障技术人员的需求，为基层保障技术人员使用和维护维修气象装备提供直接指导。希望本套手册能为工作在气象装备保障一线的业务人员提供更好的探空雷达、天气雷达和自动气象站等维护维修技术，提高业务技术能力。

2018 年 10 月 25 日

前　　言

《DZZ6 型自动气象站维修手册》主要依据《地面气象观测规范》(中国气象局,2003 年 7 月)、《新型自动气象(气候)站功能需求书(修订版)》(中国气象局综合观测司,2012 年 8 月)、《气象观测装备维修业务管理办法(试行)》(中国气象局综合观测司,2014 年 10 月)、《气象装备技术保障手册—自动气象站》(中国气象局综合观测司,2011 年 5 月)、《新型自动气象站维修规范(试行)》(中国气象局综合观测司,2015 年 9 月)等标准、规定和技术资料,并以实际维修经验为基础编写成册。主要内容包括设备概况、设备配置清单、技术参数、故障索引表、故障维修和附录等,其中故障排除方法为本手册的重点部分,从故障现象、故障分析、技术依据、维修流程、检测要点和恢复测试等六个方面进行了详细介绍。

DPZ1 型综合集成硬件控制器作为自动气象观测系统的通信中枢,其运行及技术保障相对独立,故单独编为附录 E;DNQ3 型能见度仪和 DSC3 型称重式降水传感器等智能传感器作为自动气象观测系统的重要组成部分,因其具备自成系统的特点,故也单独编写为附录 F 和附录 D。其中,设备维修内容以附录的形式作为本手册的重要组成部分。

本手册以故障现象为索引,以具体操作流程和处理方法为编写重点,层次清晰、图文并茂,内容力求通俗易懂,避免过于理论性的叙述。维修保障人员可以按图索骥排除故障,做好自动气象站维修保障业务,以达到提高维修时效目的。同时,本手册编写了故障等级划分,根据故障难易程度和不同岗位业务人员的能力要求,划定维修故障级别,为装备维修人员职责分工、装备分级保障能力评估和业务人员定量化考核提供依据。

本手册既适合气象部门业务技术和管理人员作为维修手册使用,也可作为培训教材。如有疏忽和错误之处,欢迎广大读者批评指正。

编者

2018 年 10 月

目 录

总序
前言
1 设备概况 ……………………………………………………………… (1)
1.1 概述 ……………………………………………………………… (1)
1.2 设备外观及结构图 ………………………………………………… (1)
1.3 组成部分功能介绍 ………………………………………………… (2)
2 设备配置清单………………………………………………………… (11)
2.1 DZZ6 设备配置清单 ……………………………………………… (11)
2.2 DSC3 型称重式降水传感器配置清单 ……………………………… (12)
2.3 DPZ1 型综合集成硬件控制器设备配置清单 ……………………… (12)
2.4 DNQ3 型能见度仪设备配置清单………………………………… (12)
3 技术参数……………………………………………………………… (13)
3.1 自动站测量技术参数表…………………………………………… (13)
3.2 传感器电气性能技术参数表……………………………………… (13)
3.3 主采集器电气性能技术参数表…………………………………… (14)
3.4 风向格雷码对照表………………………………………………… (15)
3.5 DSC3 型称重式降水传感器技术参数表 ………………………… (16)
3.6 DPZ1 型综合集成硬件控制器技术参数表 ………………………… (16)
3.7 DNQ3 型前向散射式能见度仪技术参数表………………………… (16)
4 故障维修索引表……………………………………………………… (17)
4.1 DZZ6 型自动气象站故障维修索引表 …………………………… (17)
4.2 DSC3 型称重式降水传感器维修索引表 ………………………… (21)
4.3 DPZ1 型综合集成硬件控制器故障维修索引表 …………………… (21)
4.4 DNQ3 型前向散射式能见度仪故障维修索引表…………………… (21)
5 故障维修……………………………………………………………… (22)
5.1 电源系统故障……………………………………………………… (22)
5.2 全要素数据缺测…………………………………………………… (25)
5.3 全要素数据时有时无(可补收完整)……………………………… (29)
5.4 全要素数据不定期缺测(无法补收)……………………………… (31)
5.5 温湿度、全部地温数据同时缺测或异常 ………………………… (32)
5.6 温湿数据同时缺测………………………………………………… (35)
5.7 温湿数据同时异常………………………………………………… (38)

5.8 气温数据缺测 …… (40)
5.9 气温数据异常 …… (43)
5.10 湿度数据异常 …… (45)
5.11 全部地温(草温)数据缺测 …… (48)
5.12 全部地温(草温)数据异常 …… (51)
5.13 单只或多只地温(草温)数据缺测或异常 …… (54)
5.14 风向风速数据同时异常 …… (56)
5.15 风向数据异常 …… (60)
5.16 风速数据异常 …… (64)
5.17 气压数据缺测 …… (68)
5.18 气压数据异常 …… (70)
5.19 翻斗雨量数据异常 …… (72)
5.20 蒸发数据异常 …… (74)
5.21 单要素数据缺测故障 …… (77)
5.22 疑难故障案例 …… (79)
5.23 DSC3 型称重式降水传感器故障维修 …… (81)
5.24 DPZ1 型综合集成硬件控制器故障维修 …… (81)
5.25 DNQ3 型前向散射式能见度仪故障维修 …… (81)
附录 A 硬件置换 …… (82)
A.1 采集器 …… (82)
A.2 传感器 …… (85)
A.3 电源系统 …… (92)
A.4 防雷板 …… (97)
A.5 接线端子 …… (98)
A.6 线缆(电缆、光缆)置换 …… (99)
附录 B 软件及参数配置 …… (101)
B.1 主采集器嵌入式软件升级 …… (101)
B.2 参数配置 …… (102)
附录 C 附图 …… (113)
C.1 硬件结构图 …… (113)
C.2 电气连接图 …… (116)
附录 D DSC3 型称重式降水传感器 …… (119)
D.1 设备概况 …… (119)
D.2 配置清单 …… (125)
D.3 技术参数 …… (125)
D.4 故障索引列表 …… (126)
D.5 故障维修 …… (126)
D.6 硬件置换 …… (133)
D.7 附图 …… (135)

附录 E DPZ1 型综合集成硬件控制器 …………………………………………… (137)
E.1 设备概况 …………………………………………………………………… (137)
E.2 设备配置清单 ……………………………………………………………… (144)
E.3 技术参数 …………………………………………………………………… (144)
E.4 故障索引列表 ……………………………………………………………… (145)
E.5 故障维修 …………………………………………………………………… (146)
E.6 硬件置换 …………………………………………………………………… (157)
E.7 软件及参数配置 …………………………………………………………… (160)
E.8 附图 ………………………………………………………………………… (166)
附录 F DNQ3 型前向散射式能见度仪 ……………………………………………… (169)
F.1 设备概况 …………………………………………………………………… (169)
F.2 设备配置清单 ……………………………………………………………… (171)
F.3 技术参数 …………………………………………………………………… (171)
F.4 故障维修索引表 …………………………………………………………… (171)
F.5 故障维修 …………………………………………………………………… (172)
F.6 硬件置换流程 ……………………………………………………………… (177)
F.7 软件及参数配置 …………………………………………………………… (177)

1 设备概况

1.1 概述

DZZ6新型自动气象站是多功能综合气象观测设备，其核心控制部件是主采集器。其数据采集单元可以对风速、风向、空气温度、相对湿度、降水、气压、地温、蒸发、雪深等观测数据进行采集。

它由硬件和软件两大部分组成。硬件包括采集器（一个主采集器和若干个分采集器）、外部总线、传感器、外围设备四部分。软件包括嵌入式软件、业务软件两部分。

1.2 设备外观及结构图

自动气象观测系统结构示意图见图1.1，系统功能结构见图1.2。

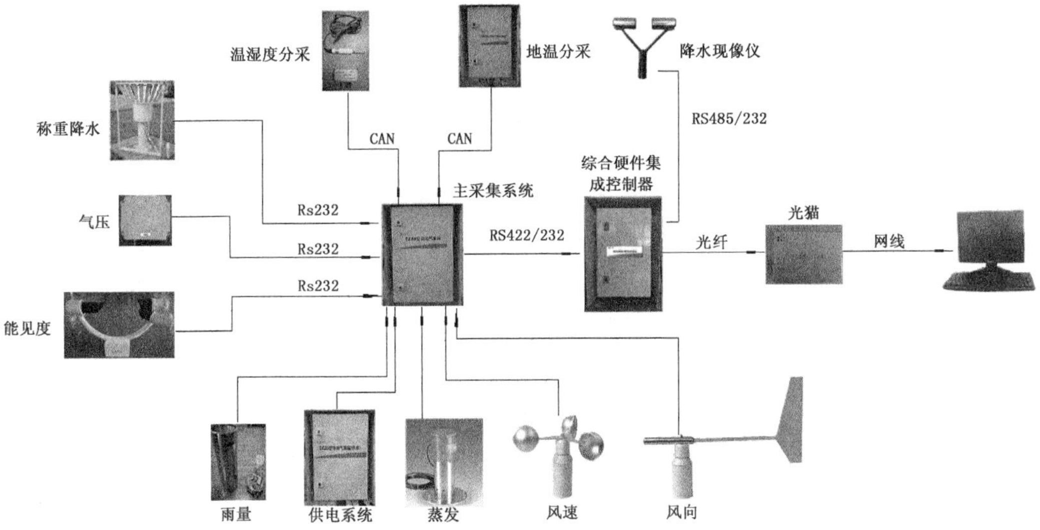

图1.1 自动气象观测系统结构示意图

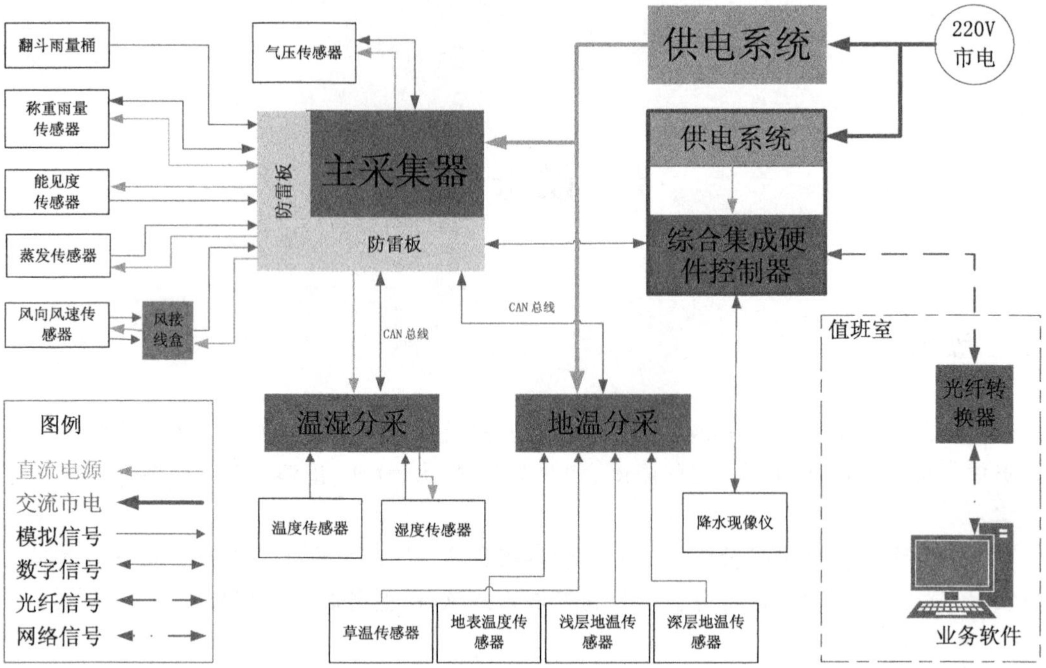

图 1.2 自动气象观测系统功能结构图

1.3 组成部分功能介绍

1.3.1 采集器

1.3.1.1 主采集器

DZZ6 主采集器是 DZZ6 自动气象站的核心控制部件(图 1.3)。通过内部数据采集单元,可完成对风速、风向、雨量、蒸发等常规传感器的数据采集;通过 CAN 总线与各分采集器连接,获取空气温度、相对湿度、地温等观测数据;通过 RS232 获取气压、能见度、称重降水等智能传感器的观测数据,并完成所有观测数据的计算处理、质量控制、记录存储、通信传输等。

主采集器配置了两个指示灯:“RUN”指示灯和“CF”指示灯各 1 个。“RUN”灯每秒闪亮一次,“CF”操作指示灯在 CF 卡存在时常亮。

1.3.1.2 温湿度分采集器

DZZ6 型温湿度分采集器按采样频率对传感器进行扫描,获取并处理气温、湿度传感器测量数据(图 1.4)。收到主采集器的同步信号后,通过 CAN 总线将采样数据发送给主采集器(图 1.5)。

1.3.1.3 地温分采集器

DZZ6 型地温分采集器可挂接草温、地表温、浅层地温、深层地温等传感器,测量 10 路 PT100 电阻输入的模拟信号,预留两路红外地温传感器接口,并通过 CAN 总线将采样数据发送给主采集器。地温分采有四个指示灯,如图 1.6 所示。地温分采指示灯状态说明见表 1.1。地温分采集器外观见图 1.7。地温分采集器接线图见图 1.8。

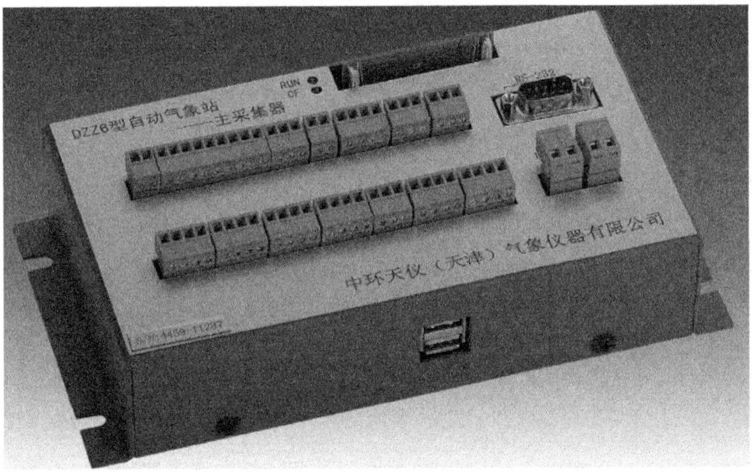

图 1.3 主采集器外观

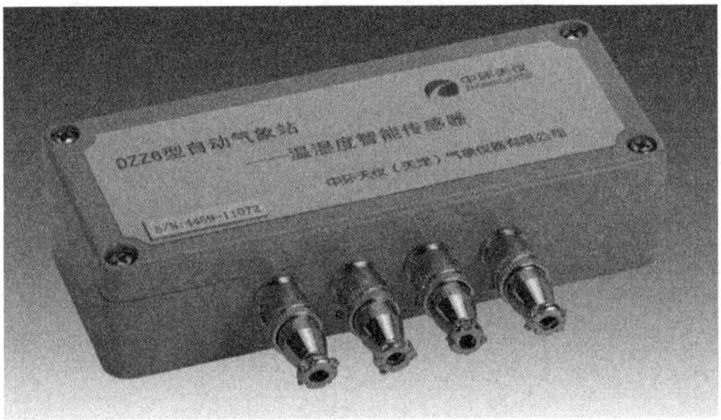

图 1.4 温湿度分采集器外观

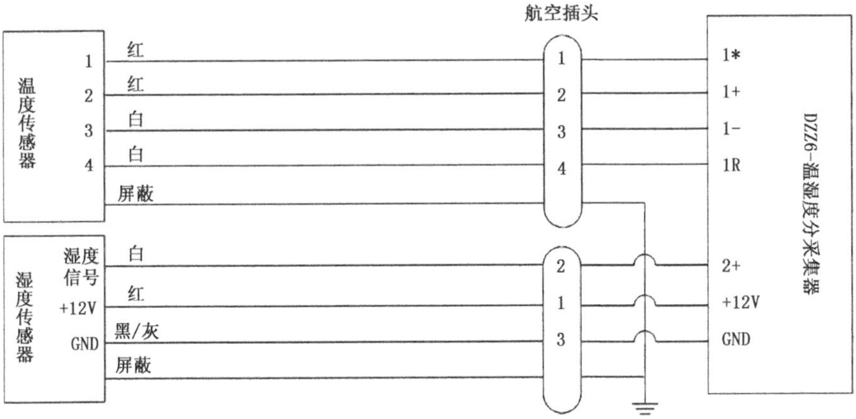

图 1.5 温湿度分采集器接线图

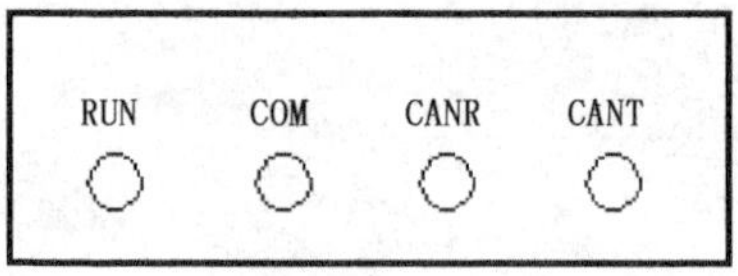

图 1.6 地温分采集器指示灯

表 1.1 地温分采指示灯状态说明

指示灯名称	功能	状态	说明
RUN	运行状态	长亮	地温分采集器工作正常
COM	串口发	闪烁	地温分采集器串口发数据
CANR	CAN 收	闪烁	地温分采集器 CAN 总线收数据
CANT	CAN 发	闪烁	地温分采集器 CAN 总线发数据

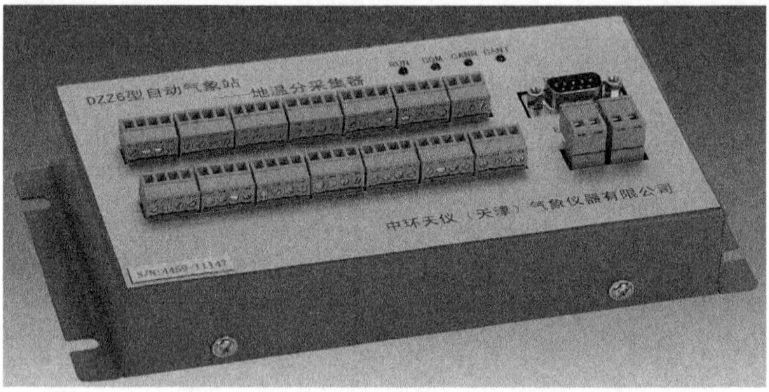

图 1.7 地温分采集器外观

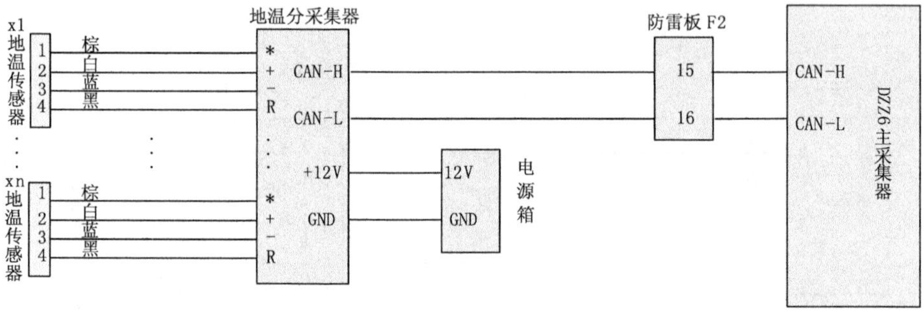

图 1.8 地温分采集器接线图

1.3.2 传感器

1.3.2.1 气温传感器

WZP2 型高精度铂电阻气温传感器(图 1.9)利用铂电阻阻值随着温度的变化而改变的特性来测量温度。0℃时的电阻值为 100Ω,气温每升高或降低 1℃,电阻阻值增大或减小约

0.385Ω。为消除线阻和接触电阻影响，达到高精度测量要求，气温传感器采用四线制方式测量铂电阻阻值的变化。

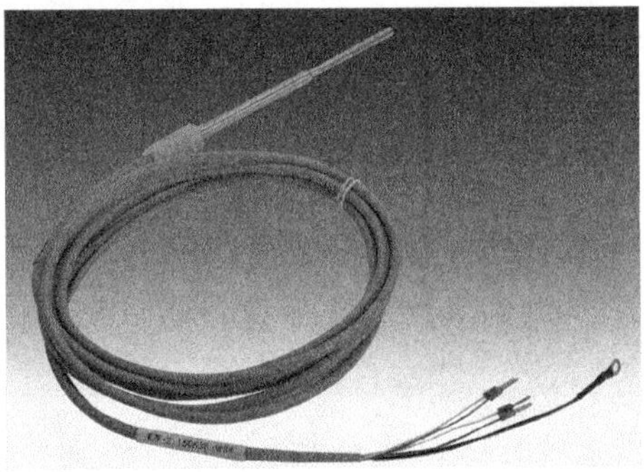

图 1.9 气温传感器外观

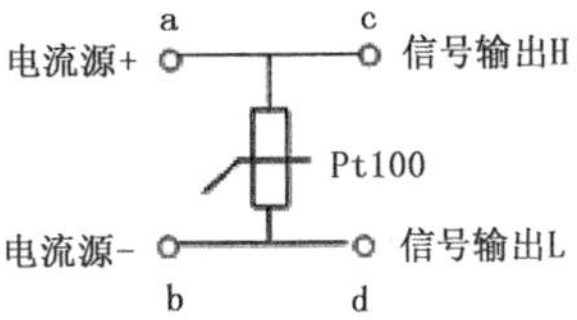

图 1.10 气温传感器四线制示意图

图 1.10 中 a 与 c 间、b 与 d 间阻值为信号线电阻，阻值一般为 1Ω 左右，称为同端电阻 (R_2)。a(c)与 b(d)间阻值为信号线电阻与铂电阻之和，一般为 80～120Ω，称为异端电阻 (R_1)。气温(T)的近似计算公式为

$$T=\frac{R_1(\text{异端电阻值})-R_2(\text{同端电阻值})-100\Omega}{0.385\Omega/℃} \tag{1.1}$$

1.3.2.2 地温传感器

WZP1 型铂电阻地温传感器测量原理和外观与 WZP2 型气温传感器相同。

1.3.2.3 湿度传感器

DHC1 型湿度传感器采用 ROTRONIC AG 公司生产的电容式湿度探头。当环境湿度发生变化时，湿敏电容介电常数发生改变，其电容量也随之改变，电容变化量与相对湿度具有对应关系。通过变换电路将电容变化量转换为 DC 0～1V 输出，线性对应 0～100%RH 相对湿度。

1.3.2.4 风向、风速传感器

EL15－2C 风向传感器(图 1.11)的信号发生装置是由风标转轴、7 位格雷码码盘组成。码盘由七个同心圆组成，由内到外分别作 2,2,4,8,16,32,64 等分，相邻每份作透光与不透光处理，通过位于码盘两侧同一半径上的 7 对光电耦合器件输出相应的 7 位格雷码。风向标带动格雷码盘转动，7 个光电转换器根据是否接收到红外光输出高、低电平，组成一组 7 位格雷码。每个格雷码代表一个风向，分辨率为 2.8125°。

格雷码换算风向时，需要先将格雷码转换为二进制，即用格雷码的最左位即(高位)与“0”异或取得一个值，用最高位取得的异或值结果与格雷码的次位(即：左二位)再次计算异或值，其结果依次与下一位格雷码异或计算，所取得的与原格雷码位数相同的一个数据即是转换所得二进制。如格雷码 0110000 转换为二进制为：0100000，再将二进制数换算成 10 进制数并乘以其分辨率 2.8125(32×2.8125＝90)，即可得到当前格雷码代表的风向为 90°。

主采集器为风向传感器提供 DC5V 工作电压。风向传感器信号由 7 根信号线输出，D0—D6 分别对应七位格雷码，每根信号输出为接近 0V 的低电平或 DC 4.9V 左右的高电平。

EL15－1C 风速传感器采用三杯式感受器(图 1.12)。风杯转动带动同轴截光盘旋转，截

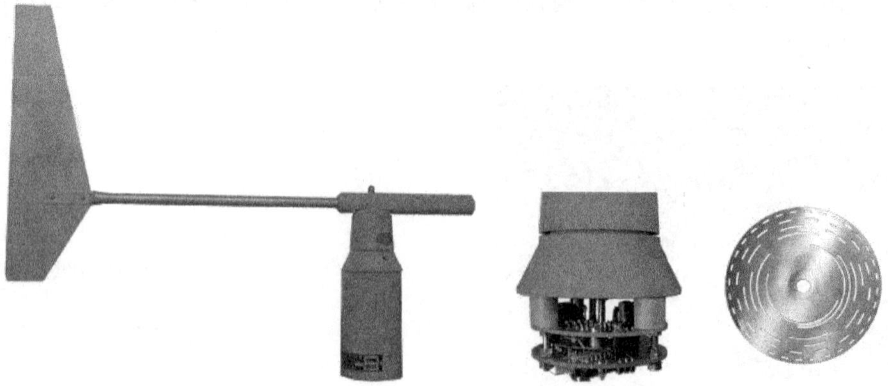

图 1.11　风向传感器

光盘切割光电转换器发射的光束，由此感应出与风速成正比的频率信号，由计数器计数，经转换即得到实际风速值。

图 1.12　风速传感器

主采集器为风速传感器提供 DC 5V 工作电压。风速的大小通过测量传感器输出的频率信号得出。传感器工作是否正常，可用万用表来判断。风杯转动时，测量其输出电压为 AC 2.3V/DC 3.0V 左右；风杯静止时，测量输出其电压为 DC 0.8V 左右或 DC 4.9V 左右。风速计算公式为

$$V=0.3+0.049F \tag{1.2}$$

式中，V 为风速，单位：米/秒(m/s)；F 为输出脉冲频率，单位：赫兹(Hz)。

风向、风速传感器接线图见图 1.13。

1.3.2.5　翻斗式雨量传感器

SL3-1 双翻斗雨量传感器由承水器、漏斗、上翻斗、汇集漏斗、计量翻斗、计数翻斗和干簧管组成(图 1.14)。

雨水由承水器汇集后经漏斗进入上翻斗，累积到一定量时，本身重量使上翻斗翻转，水进入汇集漏斗。降水从汇集漏斗的节流管注入计量翻斗时，把不同强度的自然降水调节成较均匀的降水，减少由于降水强度不同导致的测量误差。计量翻斗承接的水相当于 0.1mm 降水量时，把水翻倒入计数翻斗，使计数翻斗翻转一次。计数翻斗上的小磁钢对干簧管扫描一次。

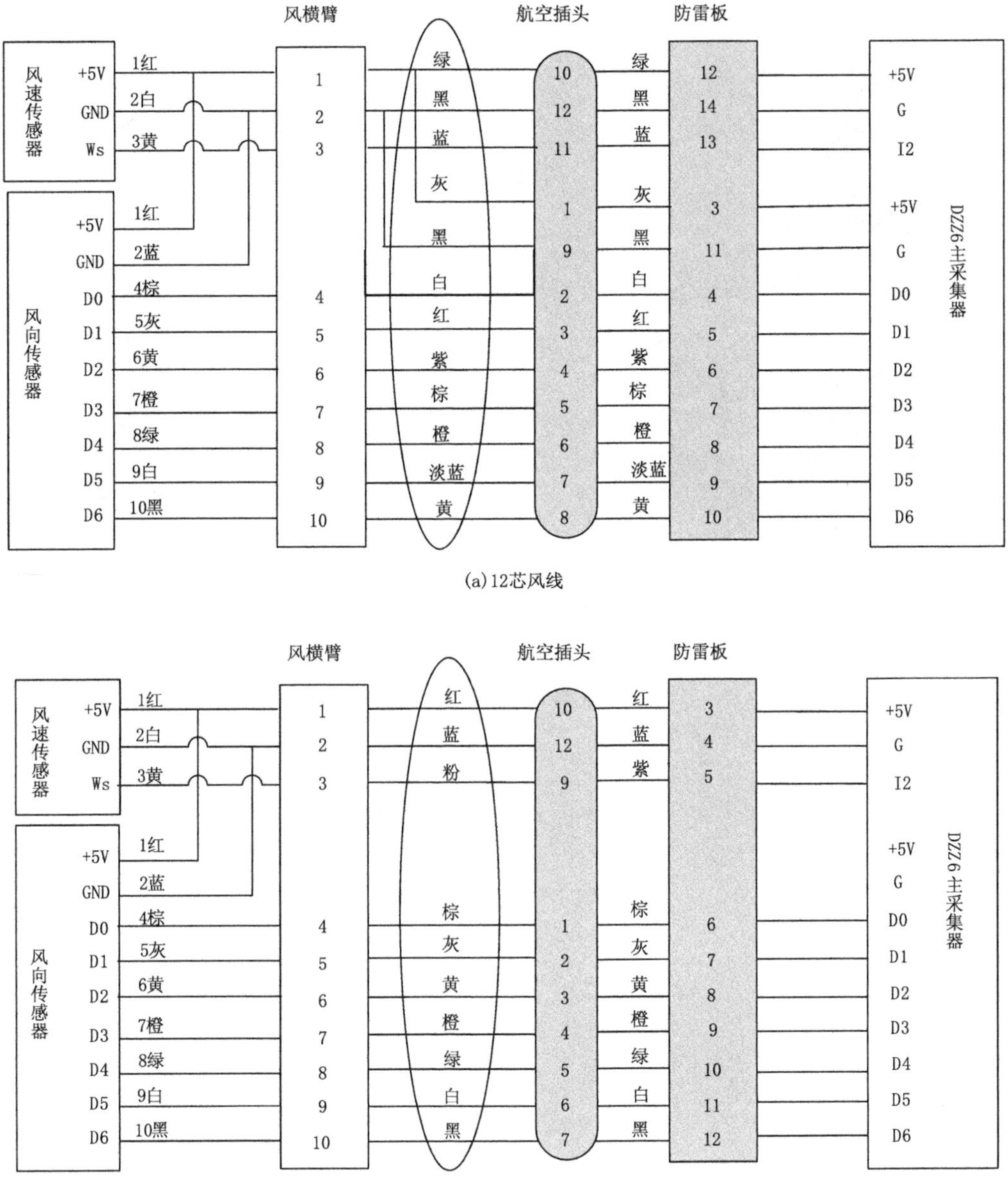

(a) 12芯风线

(b) 10芯风线

图 1.13 风向、风速传感器接线图

干簧管因磁化瞬间闭合一次，输出一个计数脉冲，相当于 0.1mm 的降水量。

翻斗式雨量传感器接线图见图 1.15。

1.3.2.6 气压传感器

HYPTB330 是 VISALA 研制的 BAROCAP 硅电容绝对压力传感器进行气压的测量。BAROCAP 具有卓越的压滞性、重复性、温度依赖性低，并具有良好的长久稳定性。

气压传感器接收图见图 1.16。

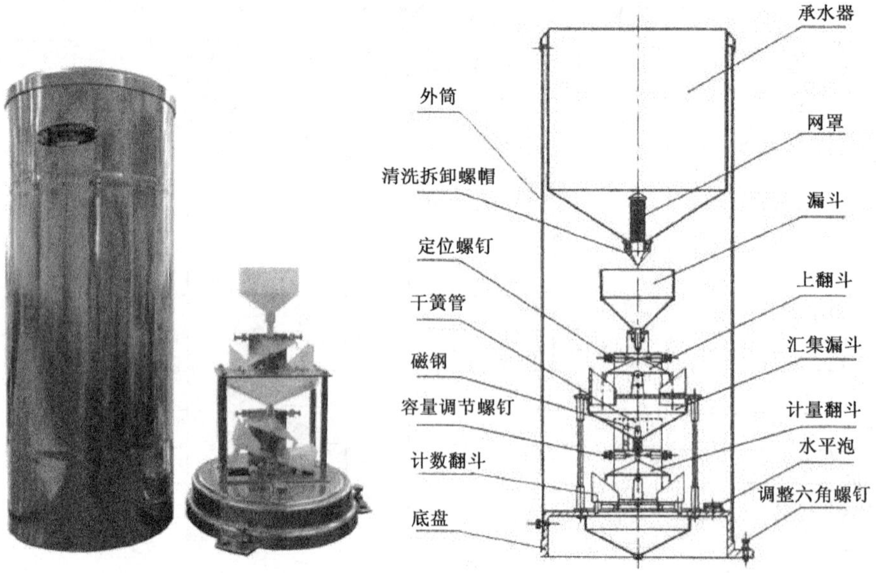

图 1.14　SL3－1 翻斗式雨量传感器

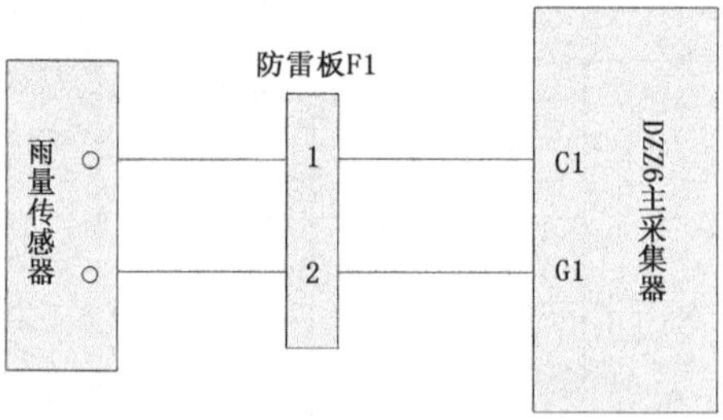

图 1.15　翻斗式雨量传感器接线图

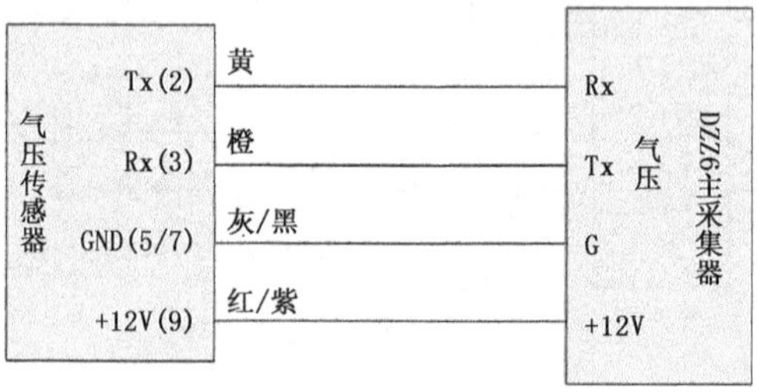

图 1.16　气压传感器接线图

1.3.2.7　蒸发传感器

AG2.0 蒸发传感器由超声波测距传感器、E－601B 型蒸发桶、水圈、溢流桶、蒸发百叶箱以及铝塑管、管件等组成(图 1.17)。

根据超声波测距原理,测量探头通过检测量筒内超声波脉冲发射和返回的时间差来计算水位变化情况并转换成电流信号输出,测量探头具有温度补偿功能。测量探头的输出为 4～20mA 电流信号,对应 98.1～0mm 的蒸发水位。

蒸发传感器接线图见图 1.18。

图 1.17　蒸发传感器

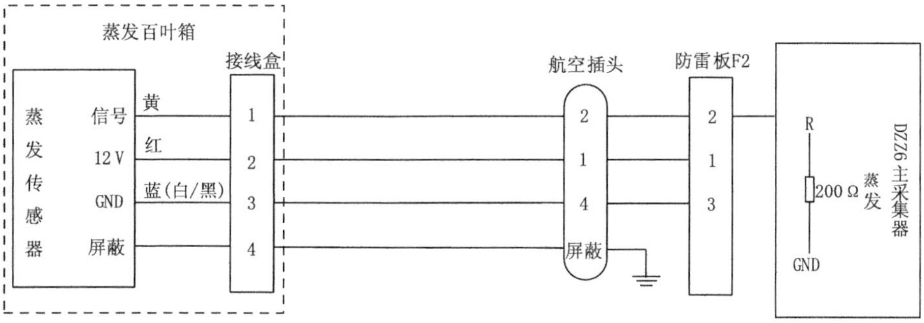

图 1.18　蒸发传感器接线图

1.3.2.8　称重式降水传感器

详见附录 D:DSC3 型称重式降水传感器。

1.3.3　电源箱

电源箱内安装空气开关、交流防雷模块、电源转换模块、接线排、保险管、直流开关和蓄电池(图 1.19)。输入电压为 AC 220V,额定输出电压为 DC 12V。

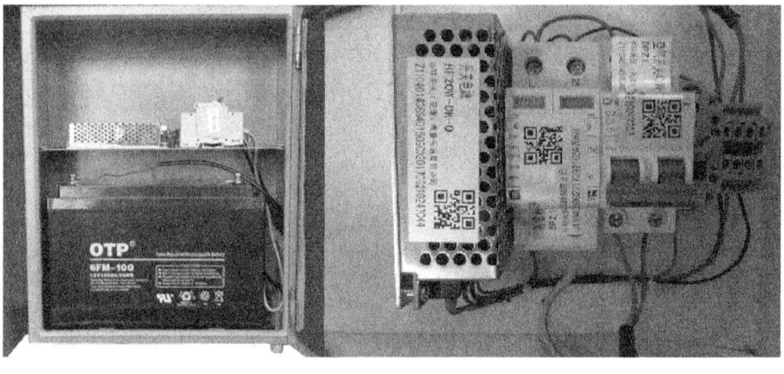

图 1.19　电源箱内部布局图

1.3.4　DPZ1 型综合集成硬件控制器

详见附录 E:DPZ1 型综合集成硬件控制器分。

1.3.5　DNQ3 型能见度仪

详见附录 F:DNQ3 型前向散射式能见度仪。

2 设备配置清单

2.1 DZZ6设备配置清单

DZZ6设备配置清单见表2.1。

表2.1 DZZ6设备配置清单

类别	名称	型号/规格	备注
风向风速	风向传感器	EL15－2C	禁拆部件
	风速传感器	EL15－1C	禁拆部件
	风向风速线	AVPV_12×0.2	
	风横臂	AWS2－CC	
温湿度	温湿度分采集器	DZZ6	禁拆部件
	湿度传感器	DHC1	禁拆部件
	温度传感器	WZP2	禁拆部件
	温湿分采集器通信线	SBVPV_4×0.3	
雨量	雨量机芯	SL3－1	
	雨量外筒	SL3－1	
	雨量线	2×0.3	
	干簧管		易损件
气压	气压传感器	PTB330	禁拆部件
	静压管		
地温	地温分采集器	DZZ6	禁拆部件
	地温传感器	WZP1_15m	禁拆部件
	地温传感器	WZP1_20m	禁拆部件
	地温分采集器通信线	RVVP 2×0.75	
蒸发	超声波蒸发传感器	AG2.0B	
	玻璃钢百叶箱	HY－BYX1ZF	
	蒸发传感器线缆	SBVPV 3×0.3	
	蒸发盘		
主采集器	数据采集器	DZZ6	禁拆部件
通信线	RS232串口线	SBVPV_4×0.3	自动站与综合集成硬件控制器通信线

2.2 DSC3 型称重式降水传感器配置清单

详见附录 D:DSC3 型称重式降水传感器。

2.3 DPZ1 型综合集成硬件控制器设备配置清单

详见附录 E:DPZ1 型综合集成硬件控制器。

2.4 DNQ3 型能见度仪设备配置清单

详见附录 F:DNQ3 型前向散射式能见度仪。

3 技术参数

3.1 自动站测量技术参数表

自动站测量技术参数表见表 3.1。

表 3.1 自动站测量技术参数表

测量要素	范围	分辨力	最大允许误差
气压	500～1100hPa	0.1hPa	±0.3hPa
气温	−50～50℃	0.1℃	±0.2℃
相对湿度	5%～100%RH	1%	±3%(≤80%)
			±5%(>80%)
风向	0～360°	3°	±5°
风速	0～60m/s	0.1m/s	±(0.3+0.03V)m/s 起动风速:≤0.3m/s
降水量	0.1mm 翻斗 (雨强 0～4mm/min)	0.1mm	±0.4mm(≤10mm)
			±4%(>10mm)
	称重 (容量 0～400mm)	0.1mm	±0.4mm(≤10mm)
			±4%(>10mm)
地表温度	−50～80℃	0.1℃	±0.2℃(−50～50℃)
			±0.5℃(50～80℃)
浅层地温	−40～60℃	0.1℃	±0.3℃
深层地温	−30～40℃	0.1℃	±0.3℃
蒸发量	0～100mm	0.1mm	±0.2mm(≤10mm)
			±2%(>10mm)

3.2 传感器电气性能技术参数表

传感器电气性能技术参数表见表 3.2。

表 3.2 传感器电气性能技术参数表

测量要素	输出信号	供电电源(电压范围)
气压	RS232	DC 12V(10～30V)
气温	四线制电阻(PT100)	恒流源 1mA
相对湿度	DC 0～1V(对应 0～100%RH)	DC 12V
风向	7 位格雷码	DC 5V(5～15V)
风速	频率 $V=0.3+0.049F$	DC 5V(5～15V)
降水量	0.1mm 翻斗:脉冲(1 脉冲=0.1mm 降水)	—
	称重:RS232、脉冲	DC 12V(9～15V)
地表温度	四线制电阻(PT100)	恒流源 1mA
浅层地温	四线制电阻(PT100)	恒流源 1mA
深层地温	四线制电阻(PT100)	恒流源 1mA
蒸发量	4～20mA	DC 12V(10～15V)

3.3 主采集器电气性能技术参数表

主采集器电气性能技术参数表见表 3.3。

表 3.3 主采集器电气性能技术参数表

采集通道	偏置电压(空载)		通信方式及参数
雨量	5V(C1)		—
风向	0V(D0) 5V(D1…D6)		—
风速	5V(C2)		—
终端通信	0V(R) −5.6V(T)		RS232,9600 N 8 1
称重 (GPS 串口)	0V(R) −5.6V(T)		RS232,9600 N 8 1
能见度	0V(R) −5.6V(T)		RS232,600 O 7 1
气压	0V(R) −5.6V(T)		RS232,9600 N 8 1
CAN	R,T 为 1 时	CANH=CANL≈2.5V	—
	R,T 为 0 时	CANH≈3.5V CANL≈1.5V	

3.4 风向格雷码对照表

风向格雷码对照表见表3.4。

表3.4 风向格雷码对照表

角度 (°N)	格雷码 GFEDCBA	角度 (°E)	格雷码 GFEDCBA	角度 (°S)	格雷码 GFEDCBA	角度 (°W)	格雷码 GFEDCBA
0	0000000	90	0110000	180	1100000	270	1010000
3	0000001	93	0110001	183	1100001	273	1010001
6	0000011	96	0110011	186	1100011	276	1010011
8	0000010	98	0110010	188	1100010	278	1010010
11	0000110	101	0110110	191	1100110	281	1010110
14	0000111	104	0110111	194	1100111	284	1010111
17	0000101	107	0110101	197	1100101	287	1010101
20	0000100	110	0110100	200	1100100	290	1010100
23	0001100	112	0111100	203	1101100	293	1011100
25	0001101	115	0111101	205	1101101	295	1011101
28	0001111	118	0111111	208	1101111	298	1011111
31	0001110	121	0111110	211	1101110	301	1011110
34	0001010	124	0111010	214	1101010	304	1011010
37	0001011	127	0111011	217	1101011	307	1011011
39	0001001	129	0111001	219	1101001	309	1011001
42	0001000	132	0111000	222	1101000	312	1011000
45	0011000	135	0101000	225	1111000	315	1001000
48	0011001	138	0101001	228	1111001	318	1001001
51	0011011	141	0101011	231	1111011	321	1001011
53	0011010	143	0101010	233	1111010	323	1001010
56	0011110	146	0101110	236	1111110	326	1001110
59	0011111	149	0101111	239	1111111	329	1001111
62	0011101	152	0101101	242	1111101	332	1001101
65	0011100	155	0101100	245	1111100	335	1001100
68	0010100	158	0100100	248	1110100	338	1000100
70	0010101	160	0100101	250	1110101	340	1000101
73	0010111	163	0100111	253	1110111	343	1000111
76	0010110	166	0100110	256	1110110	346	1000110
79	0010010	169	0100010	259	1110010	349	1000010
82	0010011	172	0100011	262	1110011	352	1000011
84	0010001	174	0100001	264	1110001	354	1000001
87	0010000	177	0100000	267	1110000	357	1000000

3.5　DSC3 型称重式降水传感器技术参数表

详见附录 D:DSC3 称重式降水传感器。

3.6　DPZ1 型综合集成硬件控制器技术参数表

详见附录 E:DPZ1 型综合集成硬件控制器。

3.7　DNQ3 型前向散射式能见度仪技术参数表

详见附录 F:DNQ3 型前向散射式能见度仪。

4　故障维修索引表

4.1　DZZ6 型自动气象站故障维修索引表

DZZ6 型自动气象站故障分级见表 4.1，故障维修索引表见表 4.2。

表 4.1　故障分级表

<table>
<tr><th rowspan="2">分级原则</th><th colspan="3">故障分级</th></tr>
<tr><th>简单故障</th><th>一般故障</th><th>疑难故障</th></tr>
<tr><td>根据定位故障的技术难度划分</td><td>1. 通过更换预装业务软件的备份计算机、重装软件、修改配置参数能够排除的软件故障；
2. 通过直观检查能够发现的故障；
3. 通过简单测量电压、电阻能够定位的故障；
4. 通过替换法排除的传感器故障。</td><td>1. 根据测量数据，通过原理分析、技术参数比对等综合判断才能定位的故障；
2. 根据故障定位需要通过替换法验证的故障。</td><td rowspan="3">引起故障的原因不明确，软件及配置参数未见异常，根据测量数据分析无法定位故障，怀疑的部件全部更换故障依旧，需要多方会商、综合测试或验证排除的故障。</td></tr>
<tr><td>根据修复故障的复杂程度划分</td><td>1. 软件故障；
2. 连接节点处的断路、短路、接触不良故障的修复；
3. 传感器的更换。</td><td>1. 更换的部件有可能影响其他正常要素；
2. 需要重新调试或配置参数的部件更换；
3. 需要考虑人身安全及设备安全问题的部件更换。</td></tr>
<tr><td>根据备件储备的整体情况划分</td><td>目前大部分台站都有储备的传感器等部件的更换。</td><td>根据目前全国大部分省气象局备件储备情况，只有市气象局储备的采集器、智能传感器、电缆、光缆、电源部分等部件的更换。</td></tr>
</table>

表 4.2　DZZ6 型自动气象站故障维修索引表

<table>
<tr><th>序号</th><th>故障现象</th><th>故障原因/部位</th><th>解决方案</th><th>故障级别</th></tr>
<tr><td rowspan="2">1</td><td rowspan="2">电源系统故障</td><td>市电输入异常；
自动站空气开关意外跳闸；</td><td>见 5.1</td><td>简单故障</td></tr>
<tr><td>自动站空气开关故障；
电源转换模块故障；
自动站蓄电池故障；
断路、短路故障。</td><td>见 5.1</td><td>一般故障</td></tr>
</table>

续表

序号	故障现象	故障原因/部位	解决方案	故障级别
2	通过自动站主采集器处理的全部气象要素数据缺测	ISOS 软件及参数配置错误； 主采集器死机； 主采集器及直流防雷器电源线连接点接触不良； 主采机箱内通信线路接触不良；	见 5.2	简单故障
		主采集器故障； 主采机箱内供电部件故障； 主采机箱内通信部件故障；	见 5.2	一般故障
		系统接地不良或外部电磁干扰。	见 5.22	疑难故障
3	通过自动站主采集器处理的全部气象要素数据时有时无可补收完整	终端计算机上的其他软件影响 ISOS 软件可靠运行； 时钟不同步；	见 5.3	简单故障
		通信链路工作不稳定； 传输电缆或光纤接触不良；	见 5.3	一般故障
		系统接地不良或外部电磁干扰。	见 5.22	疑难故障
4	自动站主采集器处理的全部气象要素数据不定期缺测且无法补收	自动站供电不稳定； 主采集器性能不稳定；	见 5.4	一般故障
		系统接地不良或外部电磁干扰。	见 5.22	疑难故障
5	温湿度、全部地温数据同时故障	ISOS 软件及参数配置错误； CAN 信号线连接不良；	见 5.5	简单故障
		12V 供电或主采集器 CAN 通信口故障； 防雷板故障； 温湿度电缆短路、地温电缆短路或同时断路故障； 温湿度、地温分采集器同时故障； 地温分采 CAN 线短路或温湿分采 CAN 线短路；	见 5.5	一般故障
		系统接地不良或外部电磁干扰。	见 5.22	疑难故障
6	气温、湿度数据同时缺测	ISOS 软件及参数配置错误； 温湿电缆连接不良；	见 5.6	简单故障
		温湿电缆故障； 温湿度分采集器故障。	见 5.6	一般故障
7	气温、湿度数据同时异常	传感器配置参数错误； 温湿度传感器线路连接不良； 气温、湿度传感器同时故障；	见 5.7	简单故障
		温湿度分采故障；	见 5.7	一般故障
		系统接地不良或外部电磁干扰。	见 5.22	疑难故障

续表

序号	故障现象	故障原因/部位	解决方案	故障级别
8	气温数据缺测	ISOS 软件及参数配置错误； 气温电缆连接不良； 气温传感器故障；	见 5.8	简单故障
		温湿度分采集器气温通道故障。	见 5.8	一般故障
9	气温数据异常	参数配置错误； 电缆连接不良； 气温传感器故障；	见 5.9	简单故障
		温湿度分采集器气温通道故障；	见 5.9	一般故障
		系统接地不良或外部电磁干扰。	见 5.22	疑难故障
10	湿度数据异常	参数配置错误； 电缆连接不良； 湿度传感器故障；	见 5.10	简单故障
		温湿度分采集器湿度通道故障；	见 5.10	一般故障
		系统接地不良或外部电磁干扰。	见 5.22	疑难故障
11	全部地温、草温数据缺测	ISOS 软件及参数配置错误； 地温分采集器线路连接不良； 地温传感器同时故障；	见 5.11	简单故障
		地温电缆故障； 地温分采集器故障； 地温分采到主采的 CAN 线连接不良。	见 5.11	一般故障
12	全部地温、草温数据异常	参数配置错误； 地温采集通道线路连接不良；	见 5.12	简单故障
		地温分采集器故障；	见 5.12	一般故障
		系统接地不良或外部电磁干扰。	见 5.22	疑难故障
13	单只或多只地温、草温数据异常	参数配置错误； 地温传感器线路连接不良； 地温传感器故障；	见 5.13	简单故障
		地温分采集器通道故障；	见 5.13	一般故障
		系统接地不良或外部电磁干扰。	见 5.22	疑难故障
14	风向风速数据同时异常	ISOS 软件及参数配置错误； 电缆连接不良； 风向风速传感器故障；	见 5.14	简单故障
		风向风速通道供电故障； 风向风速信号防雷板故障； 主采集器通道故障； 风信号电缆故障； 风横臂电缆故障等。	见 5.14	一般故障

续表

序号	故障现象	故障原因/部位	解决方案	故障级别
15	风向数据异常	参数配置错误； 电缆连接不良； 风向传感器故障；	见5.15	简单故障
		风向传感器供电故障； 风向信号防雷板故障； 主采集器风向通道故障； 风信号电缆故障； 风横臂风向电缆故障。	见5.15	一般故障
16	风速数据异常	参数配置错误； 电缆连接不良； 风速传感器故障；	见5.16	简单故障
		风速传感器供电故障； 风速信号防雷板故障； 主采集器风速通道故障； 风信号电缆故障； 风横臂风速电缆故障。	见5.16	一般故障
17	气压数据缺测	ISOS软件及参数配置错误； 电缆连接不良； 气压传感器故障；	见5.17	简单故障
		气压传感器供电故障； 主采集器通道故障。	见5.17	一般故障
18	气压数据异常	参数配置错误； 传感器故障；	见5.18	简单故障
		气压传感器供电故障；	见5.18	一般故障
		系统接地不良或外部电磁干扰。	见5.22	疑难故障
19	翻斗雨量数据异常	配置参数错误； 雨量传感器故障； 雨量电缆故障或连接不良；	见5.19	简单故障
		主采集器通道故障；	见5.19	一般故障
		外部电磁干扰。	见5.22	疑难故障
20	蒸发数据异常	参数配置错误； 蒸发电缆连接不良；	见5.20	简单故障
		蒸发传感器故障； 蒸发电缆故障； 主采集器通道故障； 连通管堵塞或连接处防水密封不严；	见5.20	一般故障
		系统接地不良或外部电磁干扰。	见5.22	疑难故障

续表

序号	故障现象	故障原因/部位	解决方案	故障级别
21	湿度、翻斗雨量、风向、风速、蒸发单要素数据缺测	在自动气象站中，湿度、翻斗雨量、风向、风速、蒸发等传感器，硬件故障造成的数据异常，不会在业务软件中显示为缺测，数据缺测一般由软件设置等方面的原因导致。	见 5.21	简单故障
22	各种故障： 单要素、多要素和全要素都可能遇到疑难故障	接触不良； 软、硬件冲突； 外部电磁干扰； 市电零地电压偏高； 系统接地不良； 天气现象仪采集器故障，与自动气象站数据传输冲突，导致 ISOS 软件运行崩溃停止工作。	见 5.22	疑难故障

4.2 DSC3 型称重式降水传感器维修索引表

详见附录 D：DSC3 型称重式降水传感器。

4.3 DPZ1 型综合集成硬件控制器故障维修索引表

详见附录 E：DPZ1 型综合集成硬件控制器。

4.4 DNQ3 型前向散射式能见度仪故障维修索引表

详见附录 F：DNQ3 型前向散射式能见度仪。

5 故障维修

5.1 电源系统故障

5.1.1 故障现象

电源系统直流输出异常。

5.1.2 故障分析

电源系统可分交流、直流两部分。首先检查自动站交流电输入是否正常，然后排查因器件故障或线路连接错误引起的空气开关闭合失败。直流部分主要排查因器件故障或线路连接错误造成的电源转换模块过流保护，没有直流输出。

注意：市电的电压为AC 220V，具有一定的危险性，在检修过程中注意安全。

引起电源系统故障的原因可能有：

(1)市电输入异常；

(2)自动站空气开关故障或意外跳闸；

(3)防雷模块被击毁或自动保护；

(4)刀片开关故障、保险管熔断；

(5)电源转换模块故障；

(6)自动站蓄电池故障；

(7)因器件或连接线路引起的断路、短路故障。

5.1.3 技术依据

DZZ6自动气象站电源系统连接图见图5.1。电源转换模块(交流充电控制器)输出DC 13.8V左右。

5.1.4 维修流程

维修流程见图5.2。

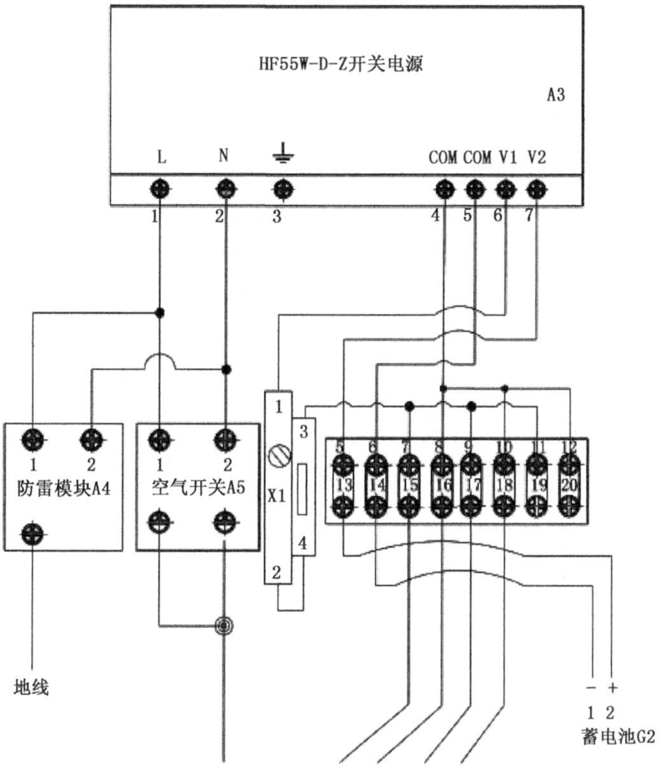

图 5.1 DZZ6 自动气象站电源系统连接图

5.1.5 检测要点

检查市电输入是否正常:用万用表 AC 挡测量空气开关输入端电压是否为 220V±20%,若不是,依次检查输入市电的线路、UPS 等。

检查空气开关是否跳闸:检查空气开关是否在 ON 位置,若不是,尝试做合闸处理。若合闸失败则应检查交流防雷模块、电源转换模块及连接线路,排除短路引起的故障。

如果空气开关闭合后,交流输出电压不正常,则空气开关故障需更换。如果空气开关输出电压正常,电源转换模块交流输入端无 AC 220V,检查交流部分线路连接找到断路点并修复。

检查电源转换模块是否正常:电源转换模块额定输出 DC 13.8V,如果电源转换模块交流电压输入正常,而直流输出异常,首先检查排除直流线路的短路故障以免烧毁电源转换模块。如果确认无短路故障而电源转换模块直流输出异常,则电源转换模块故障需更换。

如果电源转换模块正常而电源系统直流输出异常,依次测量刀片开关、保险管、直流电源接线排的输入输出端的 DC 13.8V 是否正常,排查找出引起直流供电异常的故障器件或不良连接。注意保险管座上的指示灯正常情况下不亮,如果红色常亮则保险管熔断需更换。

供电单元的蓄电池在达到使用寿命或者过度放电后性能下降,会导致失去后备电源的功能。在线路连接正常的情况下,如果市电中断蓄电池供电时输出电压很快下降到 12V 以下,请立即更换同规格蓄电池。

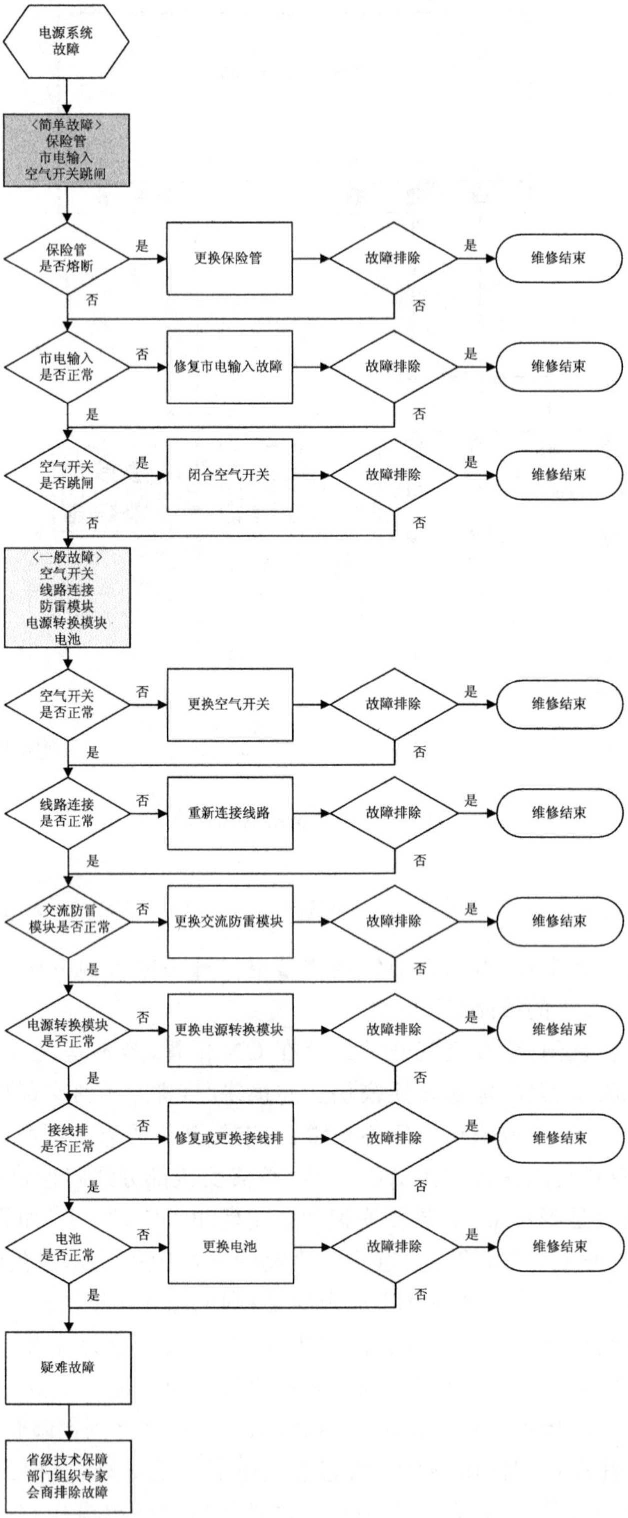
电源系统故障
〈简单故障〉
保险管
市电输入
空气开关跳闸
保险管是否熔断
是
更换保险管
故障排除
是
维修结束
否
否
市电输入是否正常
否
修复市电输入故障
故障排除
是
维修结束
是
否
空气开关是否跳闸
是
闭合空气开关
故障排除
是
维修结束
否
否
〈一般故障〉
空气开关
线路连接
防雷模块
电源转换模块
电池
空气开关是否正常
否
更换空气开关
故障排除
是
维修结束
是
否
线路连接是否正常
否
重新连接线路
故障排除
是
维修结束
是
否
交流防雷模块是否正常
否
更换交流防雷模块
故障排除
是
维修结束
是
否
电源转换模块是否正常
否
更换电源转换模块
故障排除
是
维修结束
是
否
接线排是否正常
否
修复或更换接线排
故障排除
是
维修结束
是
否
电池是否正常
否
更换电池
故障排除
是
维修结束
是
否
疑难故障
省级技术保障部门组织专家会商排除故障

图 5.2　维修流程

5.1.6 恢复测试

测量电源系统输出 DC 13.8V 左右，负载正常运行，则电源系统故障恢复。

5.2 全要素数据缺测

5.2.1 故障现象

通过自动站主采集器处理、传输的全部气象要素数据缺测。

5.2.2 故障分析

自动站全部要素数据缺测故障原因一般为核心部件、系统公共部分故障或其他因素引起的系统异常。具体表现为主采集器故障、ISOS 软件故障或参数配置错误、通信系统部件或线路故障、供电系统部件或线路故障。系统接地不良或外部电磁干扰等原因也可能引起系统运行异常或不稳定。引起该故障的原因可能有：

(1)ISOS 软件及参数配置错误；

(2)主采集器死机；

(3)主采机箱内终端通信线路故障；

(4)主采集器故障；

(5)主采机箱内供电线路故障；

(6)系统接地不良或外部电磁干扰。

5.2.3 技术依据

DZZ6 自动气象站系统连接图见图 5.3。

主采集器指示灯：应用程序运行正常情况下 RUN 指示秒闪。

光纤模块指示灯：PWR 灯常亮，Tx，Rx 灯光纤有数据收发时闪烁。

4520 模块指示灯：422 工作模式下，数据收发时指示灯闪烁；485 工作模式下，指示灯常亮。

5.2.4 维修流程

维修流程见图 5.4 和图 5.5。

5.2.5 检测要点

检查通信参数是否正常、新型自动站挂接是否正常。

检查 ISOS 软件是否运行正常时，可关闭业务软件，运行串口调试软件，将参数设置准确后输入命令“DMGD”，如果读出采集器实时数据正常，则重新安装 ISOS 软件，同步台站信息及自动站参数。

检查主采集器指示灯：RUN 灯每秒闪烁一次。接地不良、雷击或嵌入式软件自身缺陷引起的主采集器死机，造成自动站全要素数据缺测，可尝试重新启动后查看指示灯状态是否

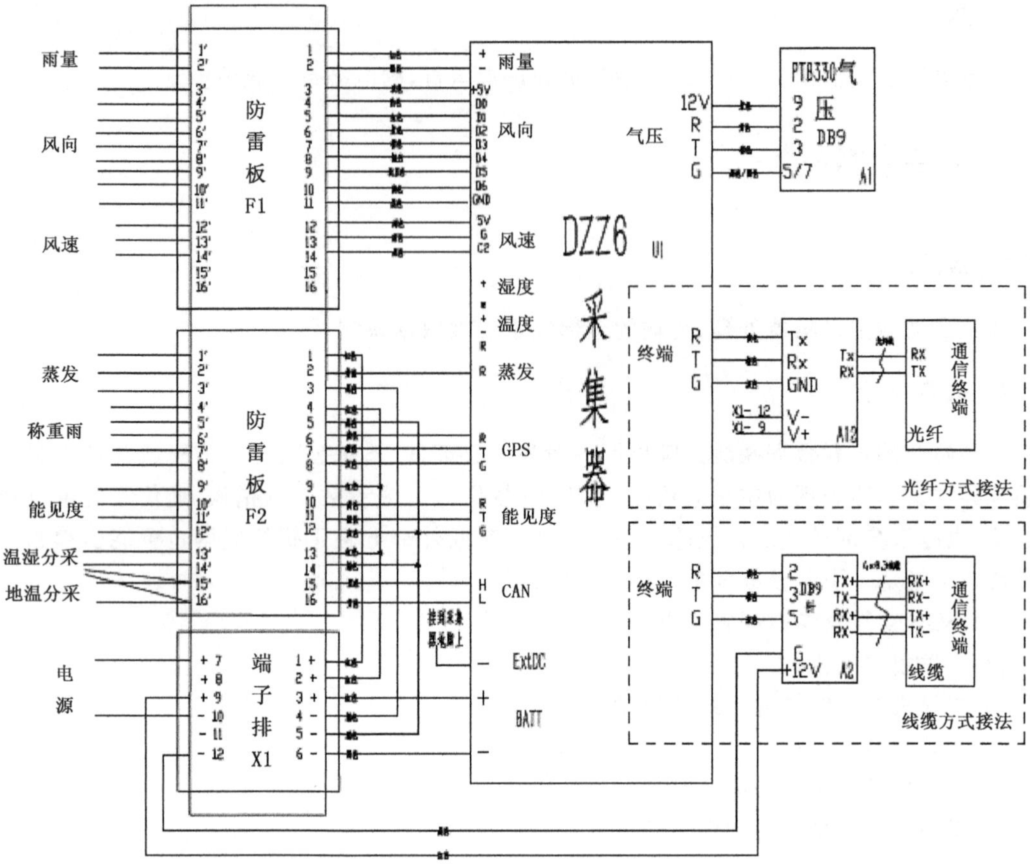

图 5.3 DZZ6 自动气象站系统连接图

正常。

测量主采集器供电电压是否在工作范围内。主采集器工作电压一般为 DC 12～14V，若不正常，依次测量主采集器电源线端子、防雷板电源通道的输入输出端电压，检查各接点连接是否良好。正常情况下防雷板通道的输入输出端导通、通道之间及通道对地断路。排除以上原因，如果主采集箱直流输入异常则排查电源系统故障。

检查通信连接：依次检查主采集器通信终端端口接线端子、防雷板通信通道各接点连接是否良好，防雷板通信通道是否正常，如果都正常则排查通信系统故障。

判断主采集器是否正常：通过 RS232 连接线现场直连笔记本电脑，输入相关命令不能读取自动站数据或数据不正常，则主采集器故障需更换。如果读取自动站数据正常，则确认通信系统故障。

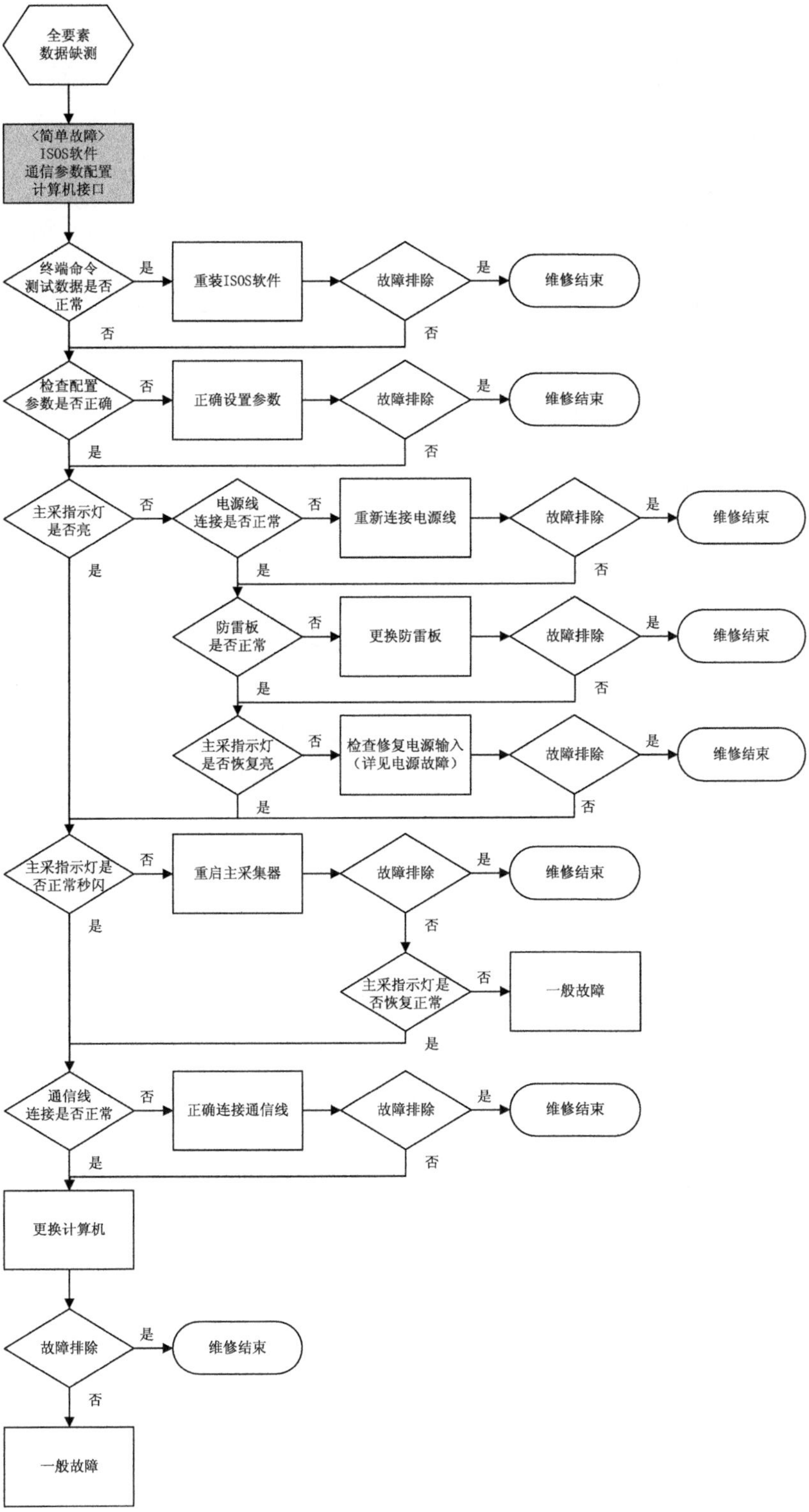
全要素
数据缺测
<简单故障>
ISOS软件
通信参数配置
计算机接口
终端命令
测试数据是否
正常
是
重装ISOS软件
故障排除
是
维修结束
否
否
检查配置
参数是否正确
否
正确设置参数
故障排除
是
维修结束
是
否
主采指示灯
是否亮
否
电源线
连接是否正常
否
重新连接电源线
故障排除
是
维修结束
是
是
否
防雷板
是否正常
否
更换防雷板
故障排除
是
维修结束
是
否
主采指示灯
是否恢复亮
否
检查修复电源输入
（详见电源故障）
故障排除
是
维修结束
是
否
主采指示灯是
否正常秒闪
否
重启主采集器
故障排除
是
维修结束
是
否
主采指示灯是
否恢复正常
否
一般故障
是
通信线
连接是否正常
否
正确连接通信线
故障排除
是
维修结束
是
否
更换计算机
故障排除
是
维修结束
否
一般故障

图 5.4 维修流程(一)

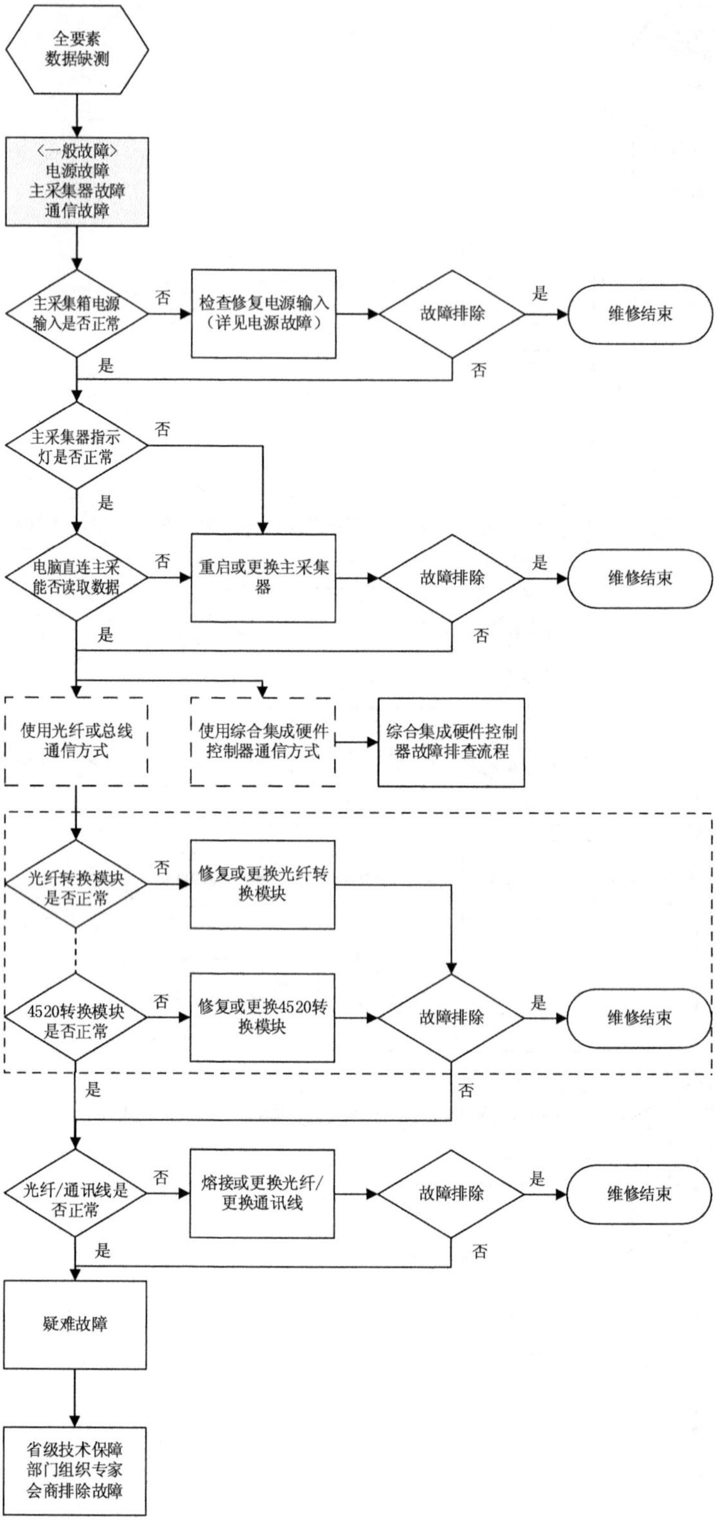
全要素
数据缺测
〈一般故障〉
电源故障
主采集器故障
通信故障
主采集箱电源输入是否正常
否
检查修复电源输入（详见电源故障）
故障排除
是
维修结束
否
是
主采集器指示灯是否正常
否
是
电脑直连主采能否读取数据
否
重启或更换主采集器
故障排除
是
维修结束
否
是
使用光纤或总线通信方式
使用综合集成硬件控制器通信方式
综合集成硬件控制器故障排查流程
光纤转换模块是否正常
否
修复或更换光纤转换模块
4520转换模块是否正常
否
修复或更换4520转换模块
故障排除
是
维修结束
是
否
光纤/通讯线是否正常
否
熔接或更换光纤/更换通讯线
故障排除
是
维修结束
是
否
疑难故障
省级技术保障部门组织专家会商排除故障

图 5.5　维修流程(二)

5.2.6　恢复测试

（1）待自动站启动完成后，通过业务软件查看监控界面实时数据，与备用站实时观测数据比较，确定全部要素实时观测数据正常。

（2）完成恢复测试。

5.3　全要素数据时有时无（可补收完整）

5.3.1　故障现象

通过自动站主采集器处理、传输的全部气象要素数据时有时无，通过人工卸载历史数据可补收完整。

5.3.2　故障分析

当 ISOS 软件上显示的数据时有时无，通过人工卸载历史数据可补收完整，说明主采集器运行正常，只是数据不能可靠传输到终端计算机。引起此故障的原因可能有：

（1）终端计算机上的其他软件影响 ISOS 软件可靠运行；

（2）时钟不同步；

（3）通信链路工作不稳定；

（4）传输电缆或光纤接触不良；

（5）系统接地不良或外部电磁干扰。

5.3.3　技术依据

主采集器指标灯：应用程序运行正常情况下 RUN 指示灯每秒闪烁一次。

系统连接图见图 5.3。

5.3.4　维修流程

维修流程见图 5.6。

5.3.5　检测要点

通过查看 ISOS 软件检查主采集器时钟是否与业务计算机同步，如果不同步，则人工同步时钟。

查看 ISOS 软件中的通信日志、状态文件，当通信日志中有乱码记录时，通信环节故障可能性较大，需重点排查。根据数据缺测时间、各要素之间是否有规律性和相关性，进一步定位故障环节。

通过软件补收功能及时将数据补收完整。检查业务计算机上是否仅安装必要的正版软件，推荐采用计算机自带的串口或网卡进行通信，以提高设备可靠性。

检查场内场外光纤连接处是否保持良好状态；采用激光笔或专用设备测试光纤是否衰减严重。

信号电缆接头是否可靠，电阻值是否异常。

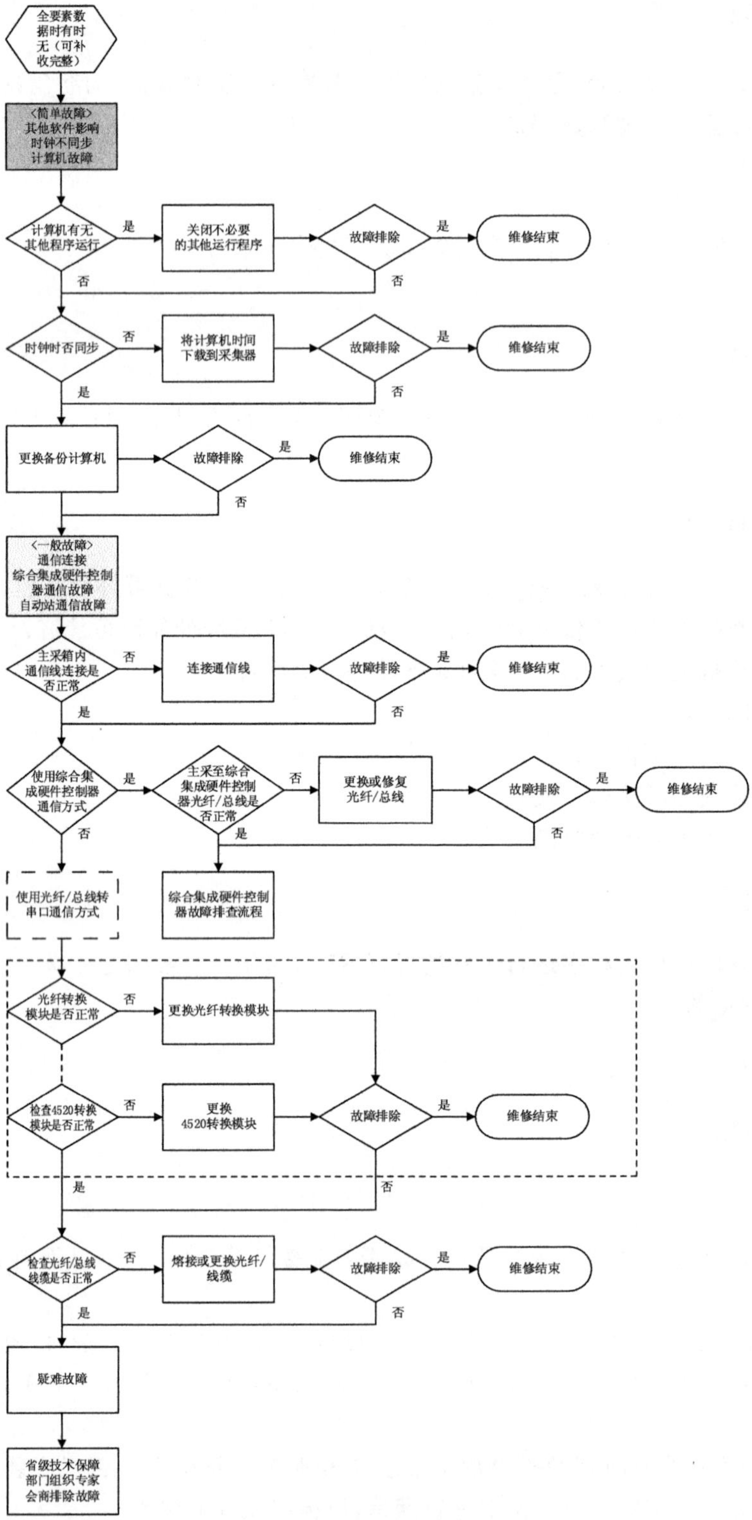
全要素数据时有时无（可补收完整）
〈简单故障〉
其他软件影响
时钟不同步
计算机故障
计算机有无其他程序运行
是
否
关闭不必要的其他运行程序
故障排除
维修结束
时钟时否同步
将计算机时间下载到采集器
更换备份计算机
〈一般故障〉
通信连接
综合集成硬件控制器通信故障
自动站通信故障
主采箱内通信线连接是否正常
连接通信线
使用综合集成硬件控制器通信方式
主采至综合集成硬件控制器光纤/总线是否正常
更换或修复光纤/总线
使用光纤/总线转串口通信方式
综合集成硬件控制器故障排查流程
光纤转换模块是否正常
更换光纤转换模块
检查4520转换模块是否正常
更换4520转换模块
检查光纤/总线线缆是否正常
熔接或更换光纤/线缆
疑难故障
省级技术保障部门组织专家会商排除故障

图 5.6 维修流程

采集器正常工作时的电源输入应稳定在 DC 13.8V 左右。

5.3.6 恢复测试

(1)待自动站启动完成后,通过业务软件查看监控界面实时数据,与备用站实时观测数据比较,确定全部要素实时观测数据正常。

(2)完成恢复测试。

5.4 全要素数据不定期缺测(无法补收)

5.4.1 故障现象

通过自动站主采集器处理、传输的全部气象要素数据不定期缺测,通过人工卸载历史数据无法补收。

5.4.2 故障分析

当 ISOS 软件上显示所有数据不定期缺测,通过人工卸载历史数据无法补收,说明主采集运行不稳定,引起此故障的原因可能有:

(1)自动站供电系统不稳定;

(2)主采集器性能不稳定;

(3)系统接地不良或外部电磁干扰。

5.4.3 技术依据

主采集器指示灯:应用程序运行正常情况下 RUN 指示灯每两秒闪烁一次。

5.4.4 维修流程

维修流程见图 5.7。

5.4.5 检测要点

检查主采集器工作电压是否在正常范围内,尤其是数据缺测时电压值是否满足采集器最低工作电压要求。重点关注空气开关是否跳闸,交流电源是否频繁停电,交流电压是否稳定。

分析数据缺测有无规律性,缺测时软件状态、各设备工作状态有无异常。

观察主采集器面板上指示灯是否有异常,尽可能获取数据缺测时的状态。

了解数据缺测时刻与周围环境变化,是否有电磁干扰的可能性。

5.4.6 恢复测试

(1)待自动站启动完成后,通过业务软件查看监控界面实时数据,与备用站实时观测数据比较,确定全部要素实时观测数据正常。

(2)完成恢复测试。

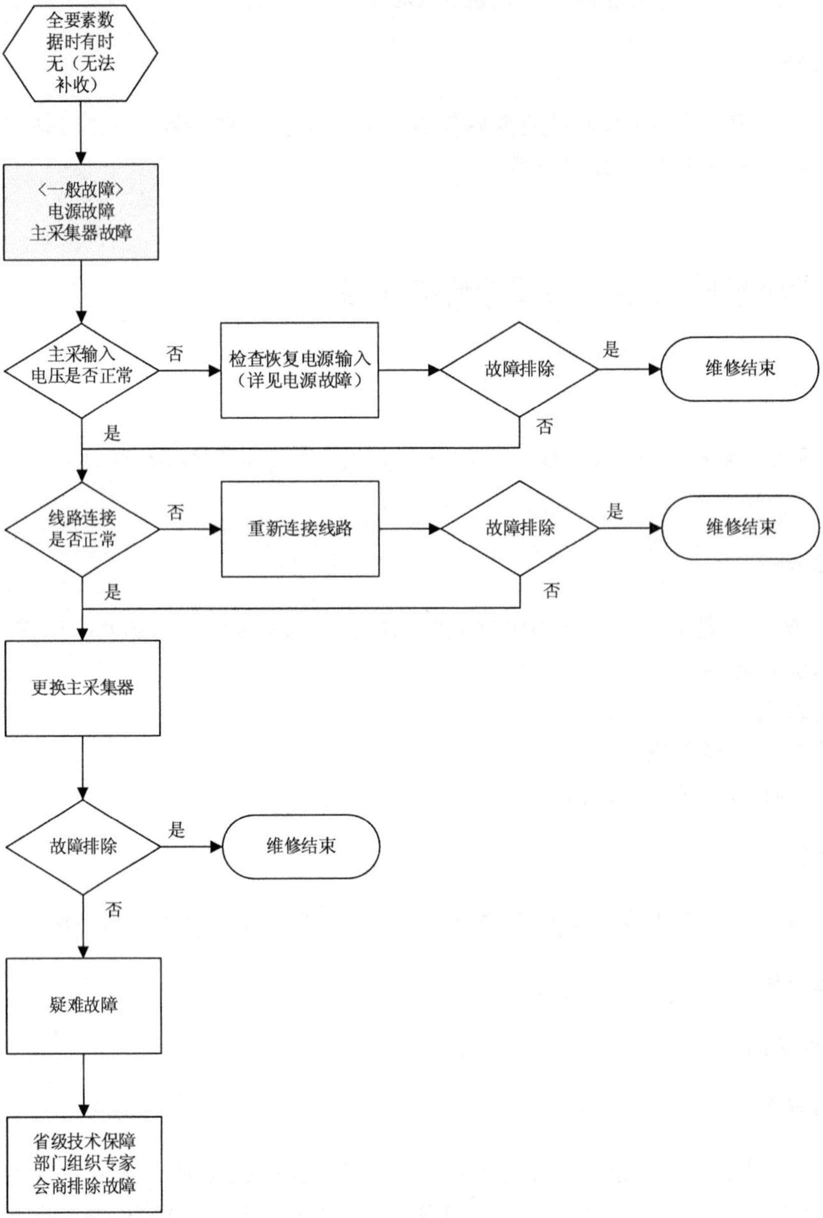

图 5.7　维修流程

5.5　温湿度、全部地温数据同时缺测或异常

5.5.1　故障现象

温湿度、全部地温数据同时缺测或异常。

5.5.2 故障分析

由于主采集器通过同一条 CAN 总线与温湿度分采集器、地温分采集器通信，DC 12V 电源来自同一接点，温湿度、全部地温数据同时故障一般是公共部分故障引起，在极端情况下也可能是温湿度、地温分采集器同时故障。故引起此故障的原因可能有：

(1)ISOS 软件及参数配置错误；

(2)主采集器 CAN 通信口故障或 CAN 信号线连接不良；

(3)防雷板 CAN 通道故障；

(4)温湿度电缆短路、地温电缆短路或同时断路故障；

(5)温湿度、地温分采集器同时故障；

(6)系统接地不良或外部电磁干扰；

(7)交流供电零地电压较大；

5.5.3 技术依据

DZZ6 自动气象站 CAN 通信系统连接图见图 5.8。

主采集器通过同一条 CAN 总线与温湿度分采集器、地温分采集器通信，DC 12V 电源来自同一接点。

地温分采集器有 4 个指示灯：应用程序正常运行时“RUN”常亮，“COM”灯不亮，“CAN－T”灯 CAN 收发器发送数据时闪烁，“CAN－R”灯 CAN 收发器接收数据时闪烁。

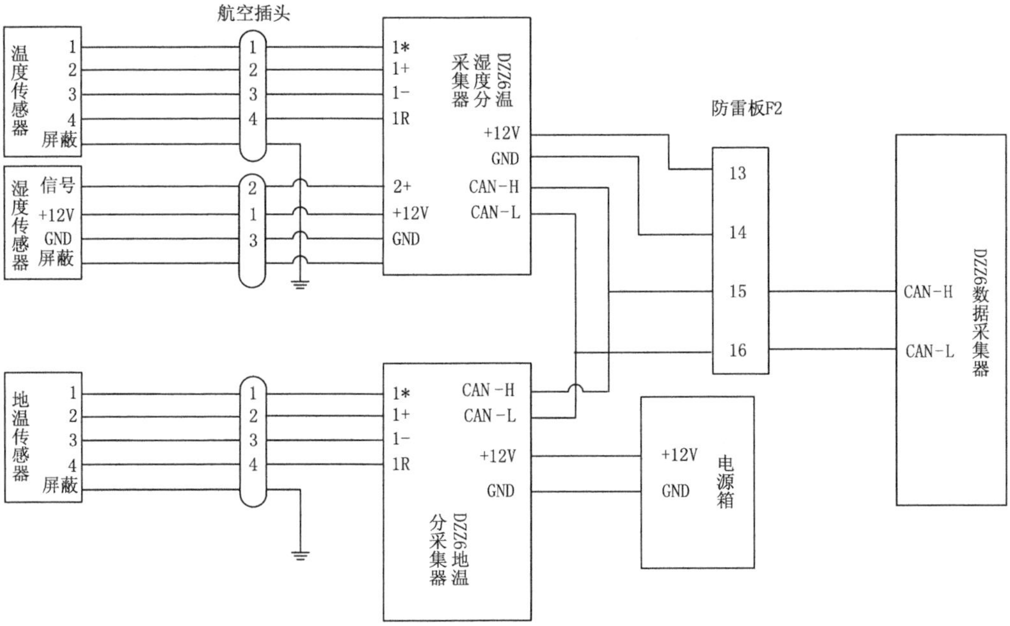

图 5.8 DZZ6 自动气象站 CAN 通信系统连接图

5.5.4 维修流程

维修流程见图 5.9。

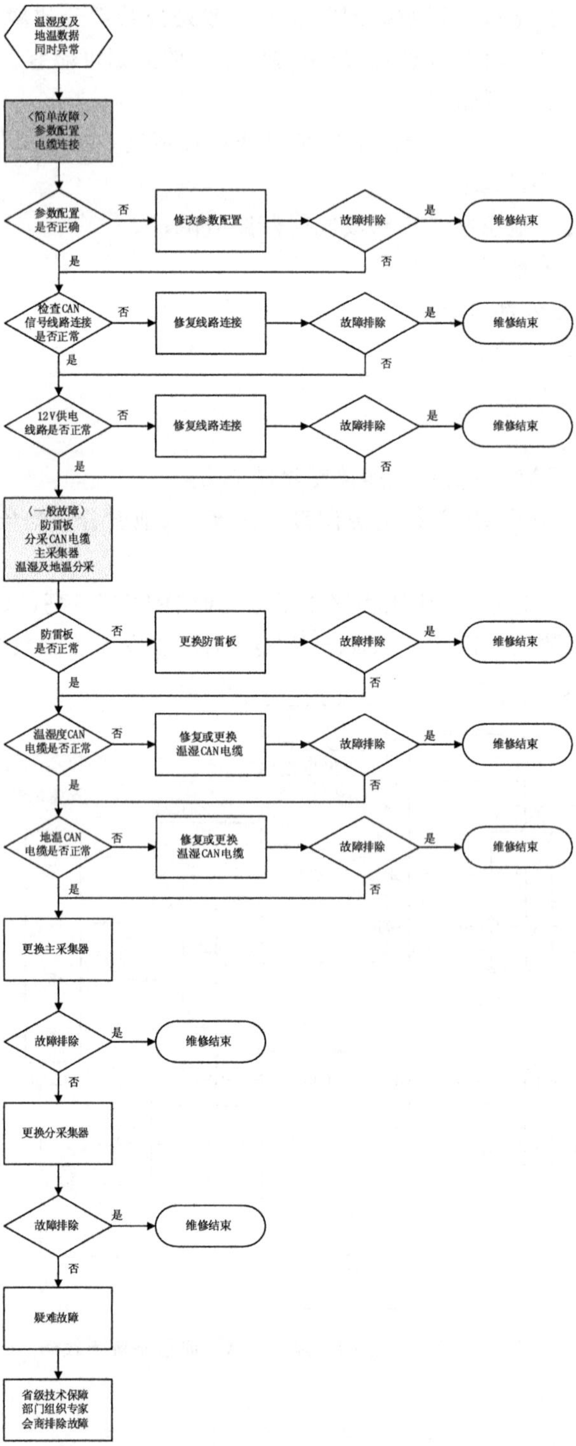

图 5.9 维修流程

5.5.5 检测要点

检查传感器挂接是否正常、是否处于维护、停用、标定状态；传感器是否开启；传感器测量范围、质量控制参数、修正值是否正常。

检查主采集箱内 CAN 通道：主采集器 CAN 端子、防雷板输入输出端的 CAN 信号线有无短路、断路，直流供电线路是否连接良好，如果连接不良则修复。

检查防雷板：正常情况下，防雷板通道输入输出端之间导通、通道之间及通道对地断路。

检查排除温湿度电缆、地温电缆的短路或同时断路故障。

用万用表交流挡测量交流供电零地电压，观察其绝对值和波动值范围。绝对值应小于 4V，波动值应小于 0.5V。

用替换法排除主采集器故障。

以上检查都正常，则可能温湿度、地温分采集器同时故障。

5.5.6 恢复测试

(1)待自动站启动完成后，通过业务软件查看监控界面实时数据，与备用站实时观测数据比较，确定温湿度、全部地温实时观测数据正常。

(2)完成恢复测试。

5.6 温湿数据同时缺测

5.6.1 故障现象

气温、湿度数据同时缺测。

5.6.2 故障分析

气温和湿度传感器接在温湿度分采集器上，组成一个智能传感器，与主采集器采用 CAN 通信。温湿数据同时缺测一般是温湿度采集系统公共部分故障引起。同时由于温湿度、地温共用主采集器 CAN 通信口和 DC 12V 电源，在地温数据正常的前提下可确定 CAN 通信公共部分和 DC 12V 电源无故障，引起此故障的原因可能有：

(1)ISOS 软件及参数配置错误；

(2)温湿电缆连接不良；

(3)温湿电缆故障；

(4)温湿度分采集器故障；

(5)12V 供电故障。

5.6.3 技术依据

DZZ6 自动气象站温湿采集系统连接图见图 5.10。

主采集器通过同一条 CAN 总线与温湿分采集器、地温分采集器通信。

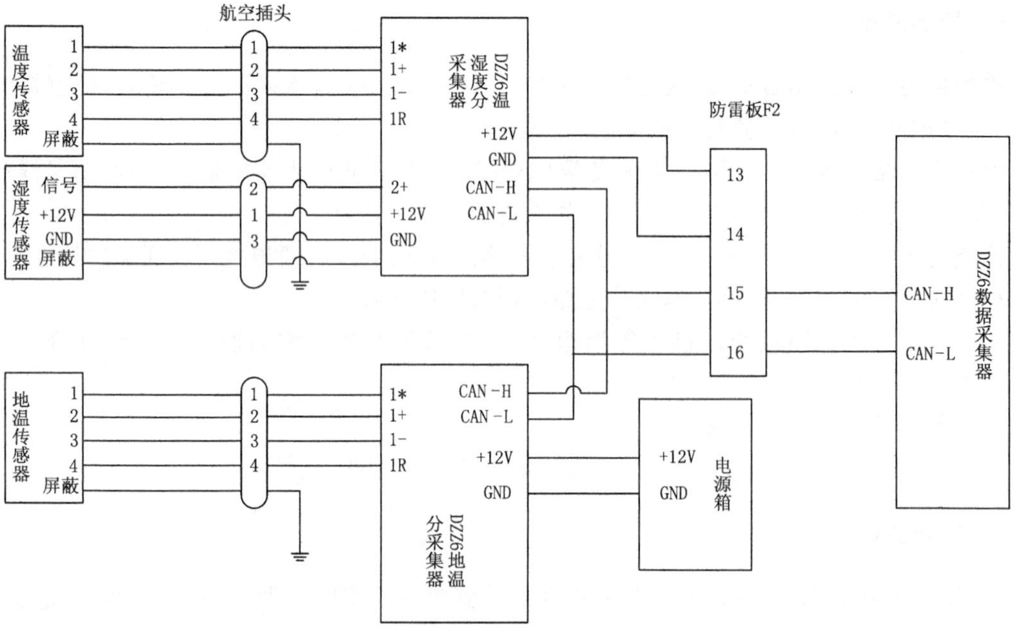

图 5.10　DZZ6 自动气象站温湿采集系统连接图

5.6.4　维修流程

维修流程见图 5.11。

5.6.5　检测要点

检查传感器挂接是否正常，是否处于维护、停用、标定状态；传感器是否开启；传感器测量范围、质量控制参数、修正值是否正常。

检查温湿电缆是否有断路或接触不良等故障，如果有则修复或更换温湿电缆，如果电缆连接正常则可能是温湿度分采集器故障，用替换法排除温湿度分采集器故障。

检查确认温湿度分采集器 DC 12V 电源供电正常。

5.6.6　恢复测试

(1)待自动站启动完成后，通过业务软件查看监控界面实时数据，与备用站实时观测数据比较，确定气温、湿度实时观测数据正常。

(2)完成恢复测试。

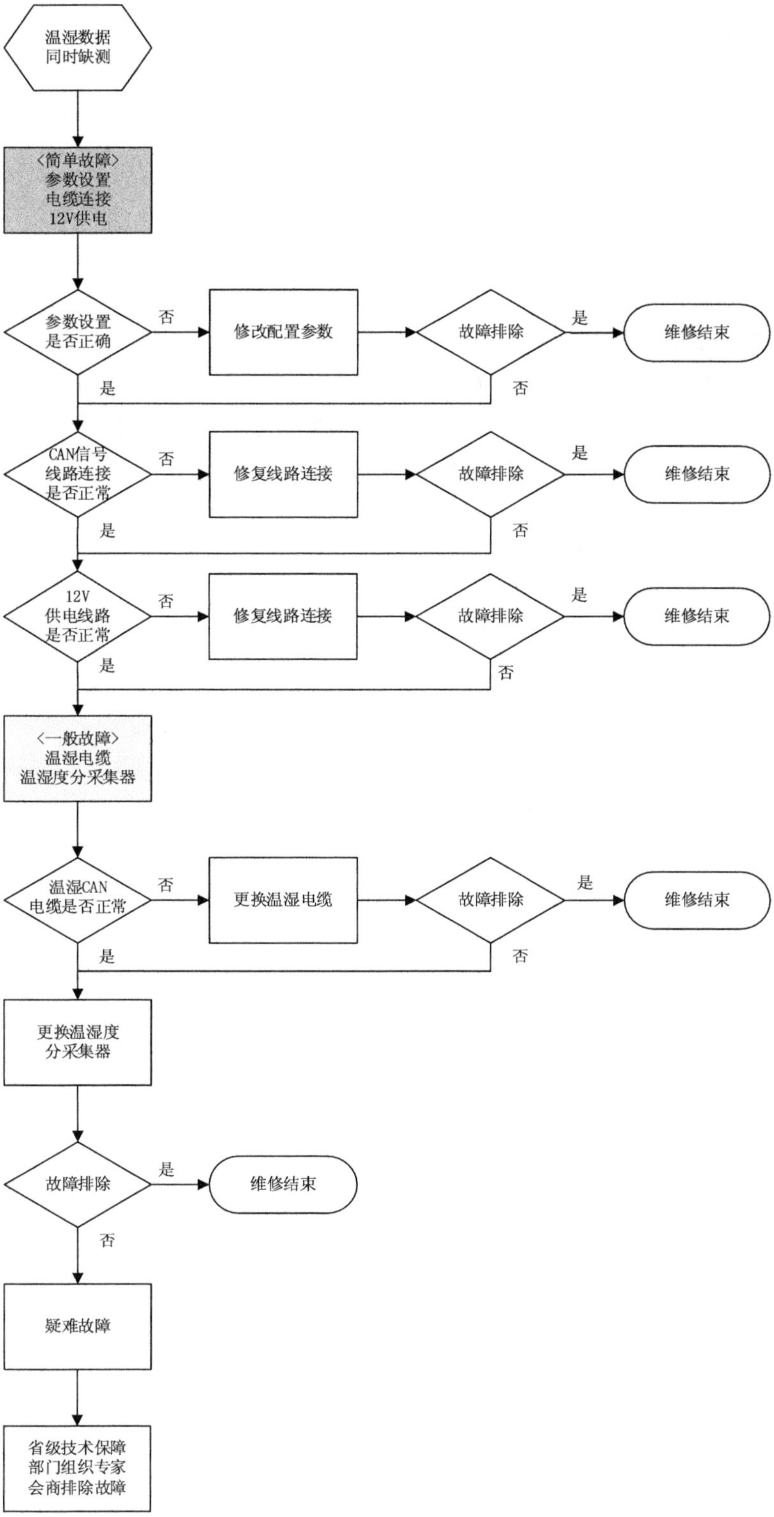
温湿数据
同时缺测
<简单故障>
参数设置
电缆连接
12V供电
参数设置
是否正确
否
修改配置参数
故障排除
是
维修结束
否
是
CAN信号
线路连接
是否正常
否
修复线路连接
故障排除
是
维修结束
否
是
12V
供电线路
是否正常
否
修复线路连接
故障排除
是
维修结束
否
是
<一般故障>
温湿电缆
温湿度分采集器
温湿CAN
电缆是否正常
否
更换温湿电缆
故障排除
是
维修结束
否
是
更换温湿度
分采集器
故障排除
是
维修结束
否
疑难故障
省级技术保障
部门组织专家
会商排除故障

图 5.11　维修流程

5.7　温湿数据同时异常

5.7.1　故障现象

气温、湿度数据同时异常。

5.7.2　故障分析

气温和湿度传感器接在温湿度分采集器上，组成一个智能传感器，与主采集器采用 CAN 通信。温湿数据同时异常一般是温湿度采集系统公共部分故障引起。同时由于温湿度、地温共用主采集器 CAN 通信口和 DC 12V 电源，在地温数据正常的前提下可确定 CAN 通信公共部分和 DC 12V 电源无故障，引起此故障的原因可能有：

(1)传感器配置参数错误；

(2)温湿度传感器线路连接不良；

(3)气温、湿度传感器同时故障；

(4)温湿度分采集器故障；

(5)系统接地不良或外部电磁干扰。

5.7.3　技术依据

DZZ6 自动气象站温湿采集系统连接图见图 5.12。

主采集器通过同一条 CAN 总线与温湿分采集器、地温分采集器通信，DC 12V 电源来自同一接点。

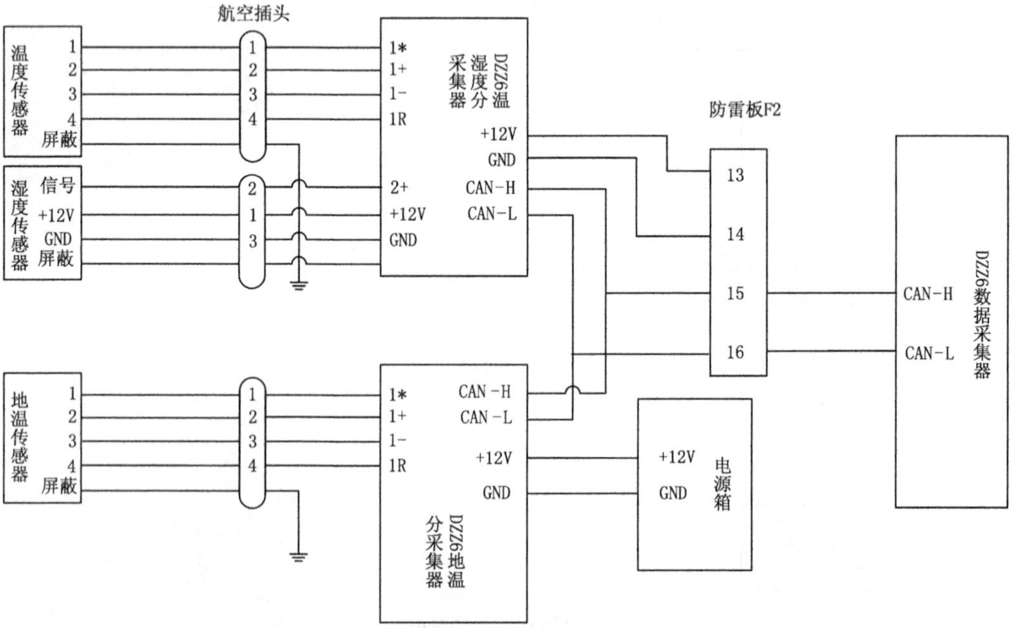

图 5.12　DZZ6 自动气象站温湿采集系统连接图

5.7.4 维修流程

维修流程见图 5.13。

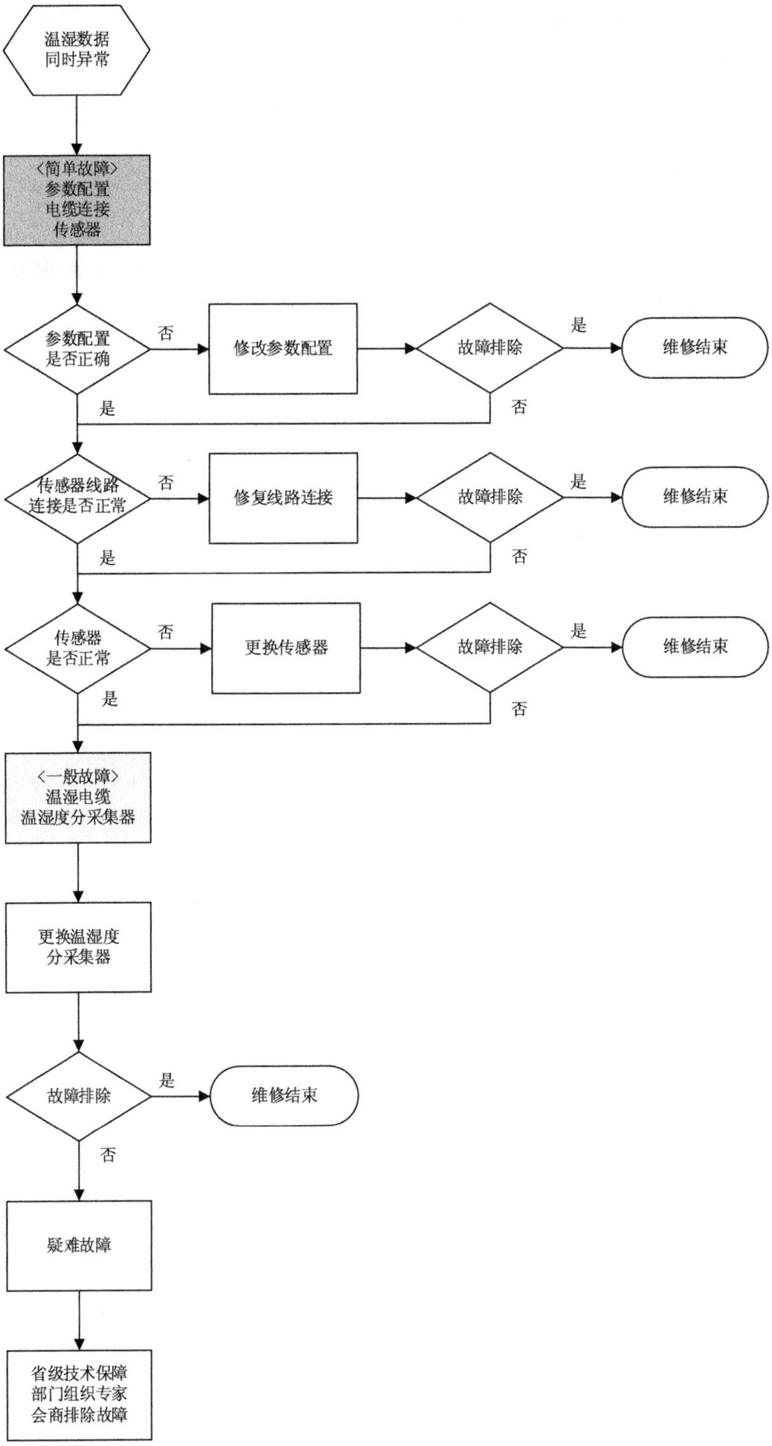

图 5.13 维修流程

5.7.5　检测要点

检查传感器修正值是否正常。

检查温湿度传感器电缆是否有短路、断路或接触不良等故障，是否因进水受潮造成绝缘电阻变小，影响测量信号准确度，如果有则修复或更换。

用替换法或测量法检查是否气温、湿度传感器同时故障。

如果以上都正常则，用替换法排除温湿度分采集器故障。

5.7.6　恢复测试

（1）待自动站启动完成后，通过业务软件查看监控界面实时数据，与备用站实时观测数据比较，确定气温、湿度实时观测数据正常。

（2）完成恢复测试。

5.8　气温数据缺测

5.8.1　故障现象

气温数据缺测。

5.8.2　故障分析

气温和湿度传感器接在温湿度分采集器上，组成一个智能传感器。与主采集器采用 CAN 通信。在湿度正常的前提下，可以确定温湿度分采集器核心部分和公共部分运行正常。引起本故障的原因可能有：

（1）ISOS 软件及参数配置错误；

（2）气温传感器线路连接不良；

（3）气温传感器故障；

（4）温湿度分采集器气温通道故障。

5.8.3　技术依据

DZZ6 自动气象站温湿采集系统连接图见图 5.14。

气温和湿度传感器接在温湿度分采集器上，温湿度分采集器与主采集器采用 CAN 通信。

5.8.4　维修流程

维修流程见图 5.15。

5.8.5　检测要点

检查传感器挂接是否正常，是否处于维护、停用、标定状态；传感器是否开启；传感器测量范围、质量控制参数、修正值是否正常。

在温湿度分采集器断电的情况下打开温湿度分采集器盖板，万用表电阻挡（200Ω）测量该

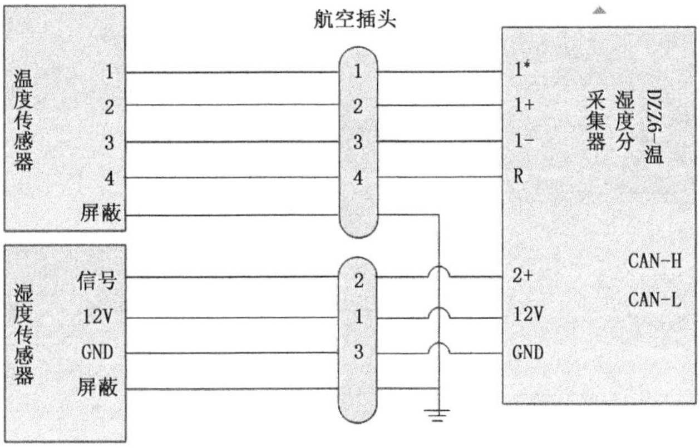

图 5.14 DZZ6 自动气象站温湿采集系统连接图

气温传感器的电阻,根据计算公式换算出温度,并与实际气温值比较。

通过测量电阻值 R 计算气温值 T 的方法为:

$$T=\frac{R_1(\text{异端电阻值})-R_2(\text{同端电阻值})-100\Omega}{0.385\Omega/℃} \tag{5.1}$$

如果计算出的气温值与实际气温值相差很大,或者测量的电阻值为"0"或"∞",则说明故障原因为传感器或线路连接。检查气温传感器与温湿度接线盒连接,如果有连接故障,修复故障部位;如果连接都正常,则说明气温传感器故障需更换。

如果计算出的气温值与实际气温值相符,说明气温传感器正常,则判定温湿度分采集器故障需更换。

注:需注意检查气温传感器及温湿分采集器屏蔽接地,如果屏蔽线虚接或者未接也有可能造成故障发生。

5.8.6 恢复测试

(1)待自动站启动完成后,通过业务软件查看监控界面实时数据,与备用站实时观测数据比较,确定气温实时观测数据正常。

(2)完成恢复测试。

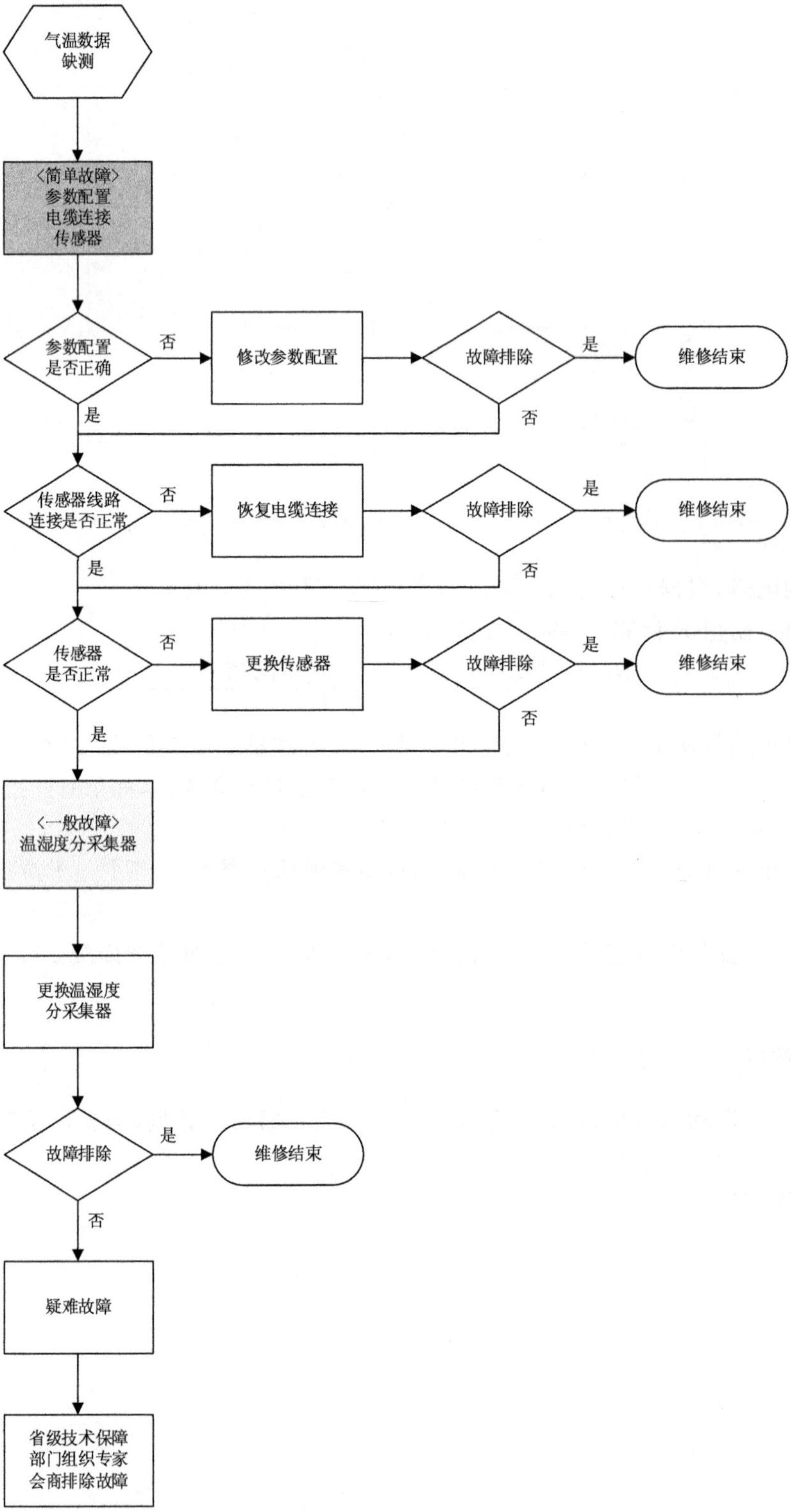
气温数据缺测
〈简单故障〉
参数配置
电缆连接
传感器
参数配置是否正确
否
修改参数配置
故障排除
是
维修结束
是
否
传感器线路连接是否正常
否
恢复电缆连接
故障排除
是
维修结束
是
否
传感器是否正常
否
更换传感器
故障排除
是
维修结束
是
否
〈一般故障〉
温湿度分采集器
更换温湿度分采集器
故障排除
是
维修结束
否
疑难故障
省级技术保障部门组织专家会商排除故障

图 5.15　维修流程

5.9　气温数据异常

5.9.1　故障现象

气温数据异常。

5.9.2　故障分析

气温和湿度传感器接在温湿度分采集器上，组成一个智能传感器。与主采集器采用 CAN 通信。在湿度正常的前提下，可以确定温湿分采集器核心部分和公共部分运行正常。引起此故障的原因可能有：

(1)参数配置错误；

(2)气温电缆连接不良；

(3)气温传感器故障；

(4)温湿度分采集器气温通道故障；

(5)系统接地不良或外部电磁干扰。

5.9.3　技术依据

DZZ6 自动气象站温湿采集系统连接图见图 5.16。

气温和湿度传感器接在温湿度分采集器上，温湿度分采集器与主采集器采用 CAN 通信。

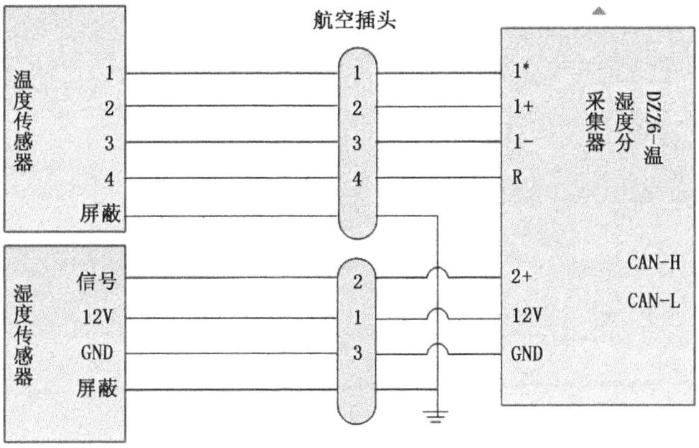

图 5.16　DZZ6 自动气象站温湿采集系统连接图

5.9.4　维修流程

维修流程见图 5.17。

5.9.5　检测要点

检查传感器修正值是否正常。

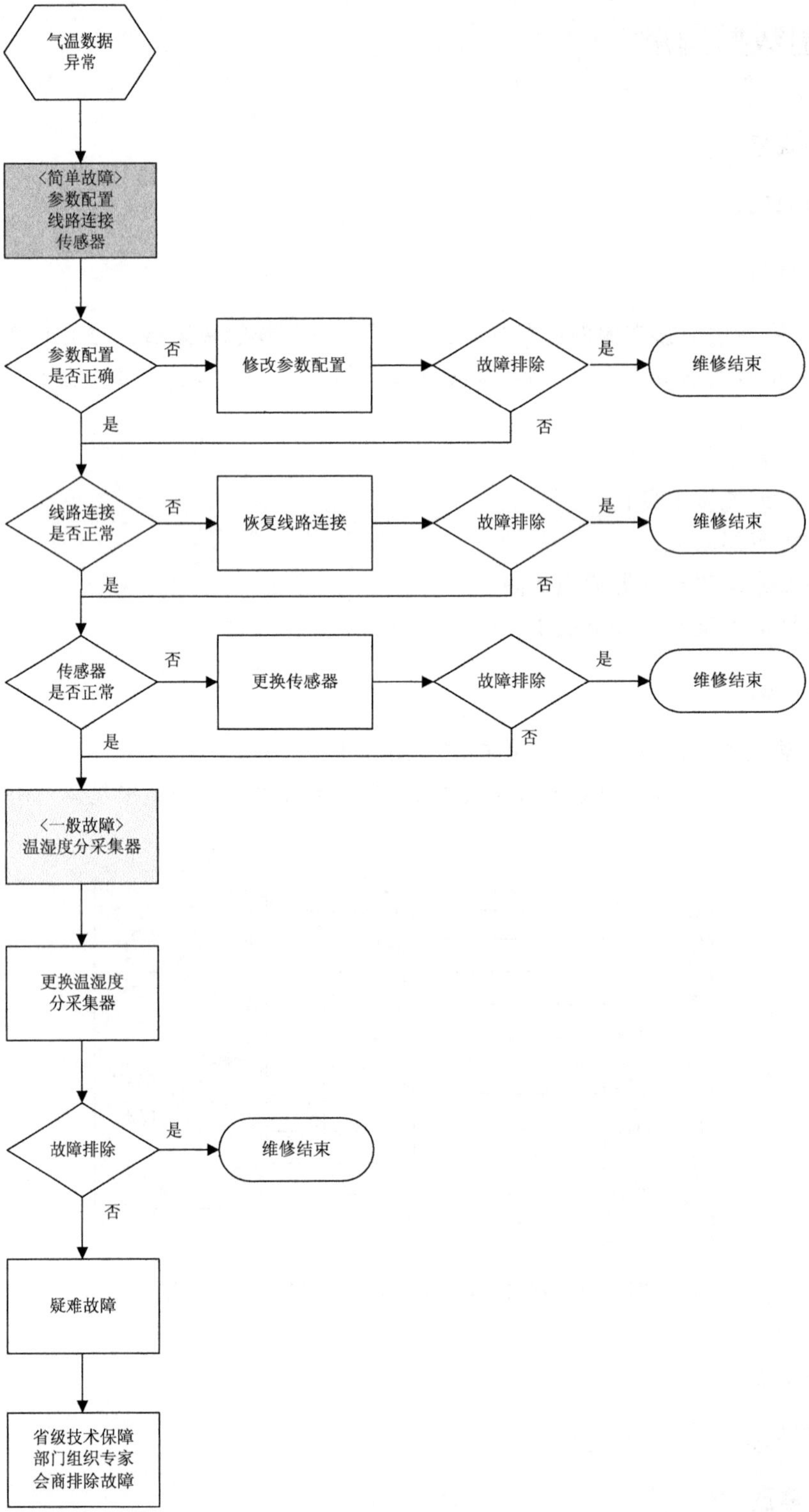
气温数据
异常
<简单故障>
参数配置
线路连接
传感器
参数配置
是否正确
否
修改参数配置
故障排除
是
维修结束
是
否
线路连接
是否正常
否
恢复线路连接
故障排除
是
维修结束
是
否
传感器
是否正常
否
更换传感器
故障排除
是
维修结束
是
否
<一般故障>
温湿度分采集器
更换温湿度
分采集器
故障排除
是
维修结束
否
疑难故障
省级技术保障
部门组织专家
会商排除故障

图 5.17　维修流程

在温湿度分采集器断电的情况下打开温湿度分采集器盖板，万用表电阻挡(200Ω)测量该气温传感器的电阻，根据计算公式换算出温度，并与实际气温值比较。

通过测量电阻值 R 计算气温值 T 的方法为：

$$T=\frac{R_1(\text{异端电阻值})-R_2(\text{同端电阻值})-100\Omega}{0.385\Omega/^\circ\mathrm{C}} \tag{5.2}$$

如果计算出的气温值与实际气温值相差很大，或者测量的电阻值为“0”或“∞”，则说明故障原因为传感器或线路连接。检查气温传感器与温湿度分采集器连接，如果有连接故障，修复故障部位；如果连接都正常，则说明气温传感器故障需更换。

如果计算出的气温值与实际气温值相符，说明气温传感器正常，则判定温湿度分采集器故障需更换。

注：需注意检查气温传感器及温湿度分采集器屏蔽接地，如果屏蔽线虚接或者未接也有可能造成故障发生。

以上检查都正常，则检测是否有电磁干扰。

5.9.6 恢复测试

(1)待自动站启动完成后，通过业务软件查看监控界面实时数据，与备用站实时观测数据比较，确定气温实时观测数据正常。

(2)完成恢复测试。

5.10 湿度数据异常

5.10.1 故障现象

湿度数据异常。

5.10.2 故障分析

气温和湿度传感器接在温湿度分采集器上，组成一个智能传感器，与主采集器采用 CAN 通信。在气温正常的前提下，可以确定温湿度分采集器核心部分和公共部分运行正常。引起此故障原因可能有：

(1)参数配置错误；

(2)湿度电缆连接不良；

(3)湿度传感器故障；

(4)温湿度分采集器通道故障；

(5)系统接地不良或外部电磁干扰。

5.10.3 技术依据

DZZ6 自动气象站温湿采集系统连接图见图 5.18。

气温和湿度传感器接在温湿度分采集器上，温湿度分采集器与主采集器采用 CAN 通信。

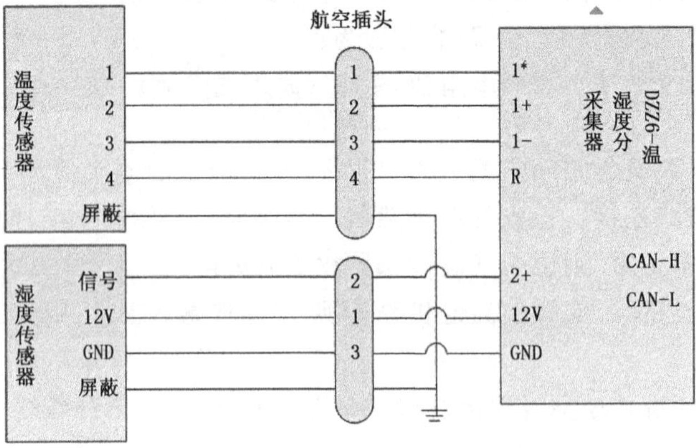

图 5.18 DZZ6 自动气象站温湿采集系统连接图

5.10.4 维修流程

维修流程见图 5.19。

5.10.5 检测要点

检查传感器修正值是否正常。

打开温湿度分采集器盖板，找到湿度传感器的端子，先检查湿度传感器接线端子压线连接是否正常。在确保连接正常后，测量“12V 电源”与“电源地”的传感器供电电压，正常时应在 11.6～13.8V 之间，否则温湿度分采集器故障。

如果湿度传感器供电正常，测量湿度传感器输出的湿度信号电压，“信号＋”与“信号－”两端之间的电压值，正常时应在 0～1V 之间对应空气相对湿度 0～100％。如果相符合，说明湿度传感器正常，温湿度分采集器故障。

如果测量的湿度信号电压值不在 0～1V 范围内，或者计算值与实际空气湿度相差很大，则说明故障在湿度传感器或湿度线缆连接，依次检查湿度航空插头及温湿度分采集器内的接线，修复不良连接或者更换故障线缆，如果连接都正常，则说明湿度传感器故障。

5.10.6 恢复测试

（1）待自动站启动完成后，通过业务软件查看监控界面实时数据，与备用站实时观测数据比较，确定空气湿度实时观测数据正常。

（2）完成恢复测试。

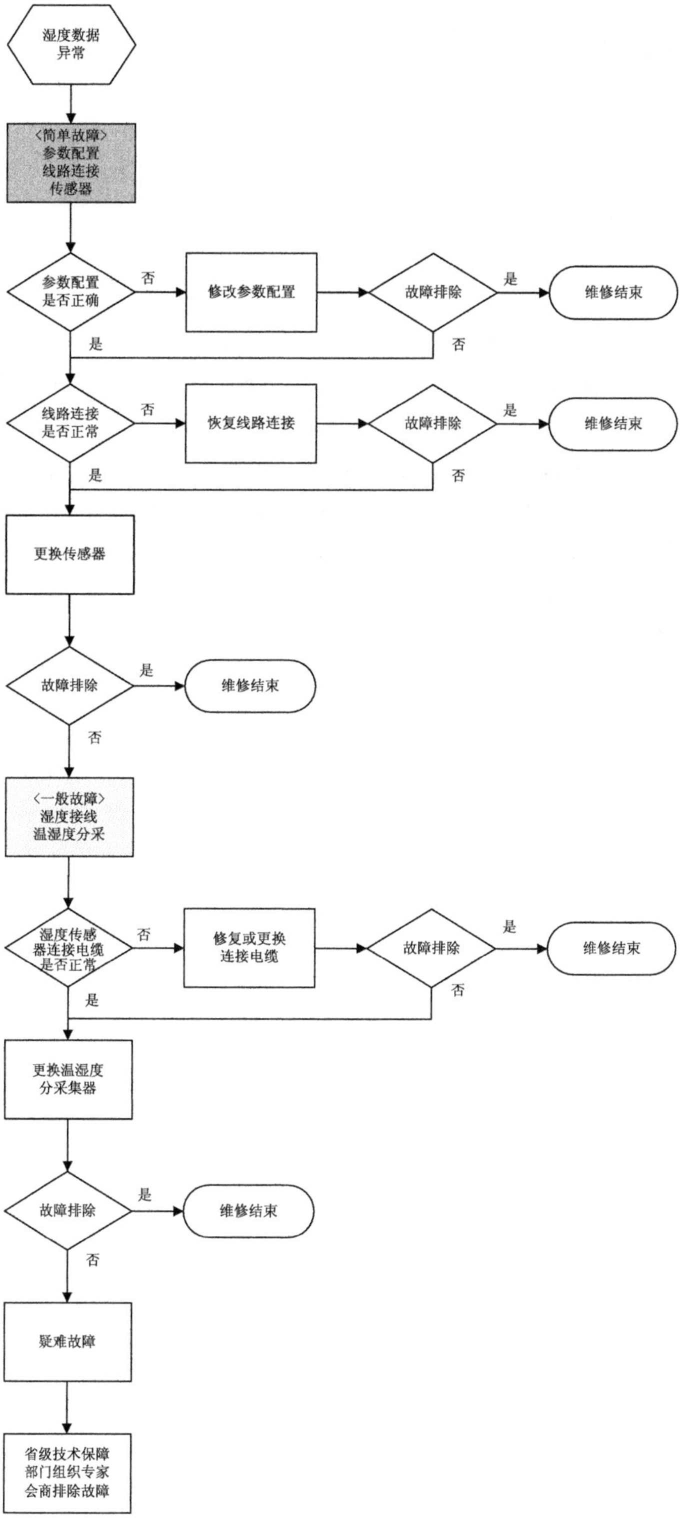
湿度数据
异常
<简单故障>
参数配置
线路连接
传感器
参数配置
是否正确
否
修改参数配置
故障排除
是
维修结束
否
是
线路连接
是否正常
否
恢复线路连接
故障排除
是
维修结束
否
是
更换传感器
故障排除
是
维修结束
否
<一般故障>
湿度接线
温湿度分采
湿度传感
器连接电缆
是否正常
否
修复或更换
连接电缆
故障排除
是
维修结束
否
是
更换温湿度
分采集器
故障排除
是
维修结束
否
疑难故障
省级技术保障
部门组织专家
会商排除故障

图 5.19　维修流程

5.11 全部地温(草温)数据缺测

5.11.1 故障现象

全部地温(草温)数据缺测。

5.11.2 故障分析

地温传感器用于测量土壤的温度,其工作原理同气温传感器。区别主要是测量精度和测量范围不同。地温分采集器采集草温、地表温、浅层地温、深层地温,并将采样值通过 CAN 通信实时提交给主采集器。

在温湿度数据正常的前提下,可判定主采集箱内公共部分:CAN 通信正常;引起全部地温数据缺测的原因首先考虑相应参数配置是否正确,其次极端情况下全部地温传感器同时出现断路故障(信号线因鼠咬、施工损坏)也会造成全部地温缺测。引起此故障原因可能有:

(1)ISOS 软件及参数配置错误;

(2)地温 CAN 电缆故障;

(3)地温分采集器故障;

(4)地温供电故障;

(5)地温传感器同时故障;

(6)地温分采到主采的 CAN 线连接不良。

5.11.3 技术依据

DZZ6 自动气象站地温采集系统连接图见图 5.20。

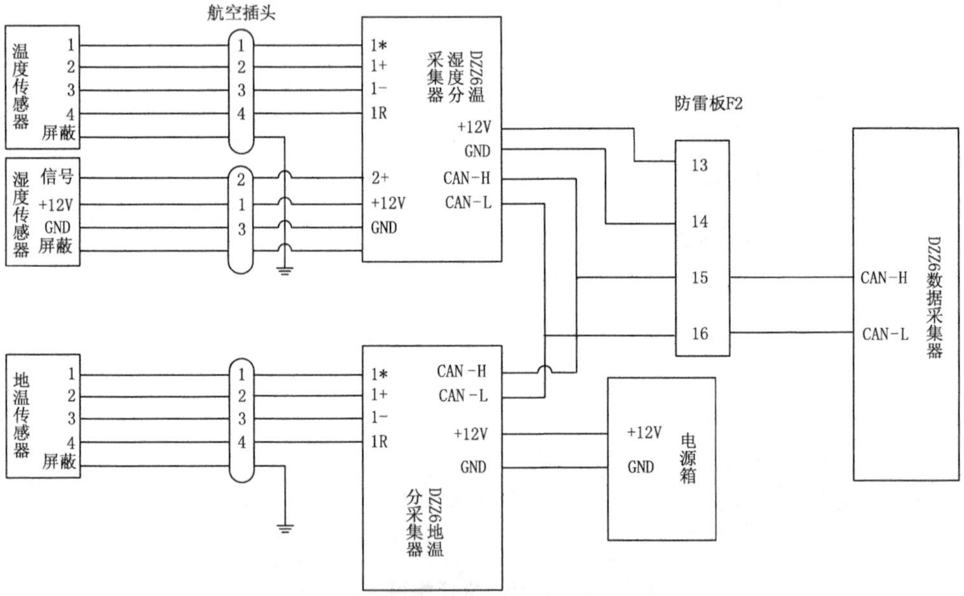

图 5.20 DZZ6 自动气象站地温采集系统连接图

主采集器通过同一条CAN总线与温湿分采集器、地温分采集器通信，DC12V电源来自同一接点。

地温分采集器有4个指示灯：应用程序正常运行时，RUN灯常亮；当分采通过串口发送数据时，COM灯闪烁；当分采通过CAN总线接收到数据时，CANR灯闪烁；当分采通过CAN总线发送数据时，CANT灯闪烁。

5.11.4　维修流程

维修流程见图5.21。

5.11.5　检测要点

检查传感器挂接是否正常，是否处于维护、停用、标定状态；传感器是否开启；传感器测量范围、质量控制参数、修正值是否正常。

检查地温分采集器连接是否正确，接插件是否有松动现象。

首先检查确认电源箱到地温分采的DC 12V供电正常，然后查看地温分采集器RUN指示灯状态，如果不亮或闪烁不正常，测量地温分采集器DC1 2V工作电压是否正常，若不正常检查地温供电电缆是否有连接不良或断路故障，如果有则修复或更换供电电缆，否则用替换法排除地温分采集器故障。

其次查看地温分采集器CANR指示灯状态，如果不亮或闪烁不正常则检查排除主采集箱到地温分采集器的CAN电缆断路故障。

有时所有指示灯都正常，也可能是地温分采集器故障。

如果以上检查都正常，极端情况下全部地温传感器同时出现断路故障（信号线因鼠咬、施工损坏）也会造成全部地温缺测。

5.11.6　恢复测试

（1）待自动站启动完成后，通过业务软件查看监控界面实时数据，与备用站实时观测数据比较，确定全部地温（草温）实时观测数据正常。

（2）完成恢复测试。

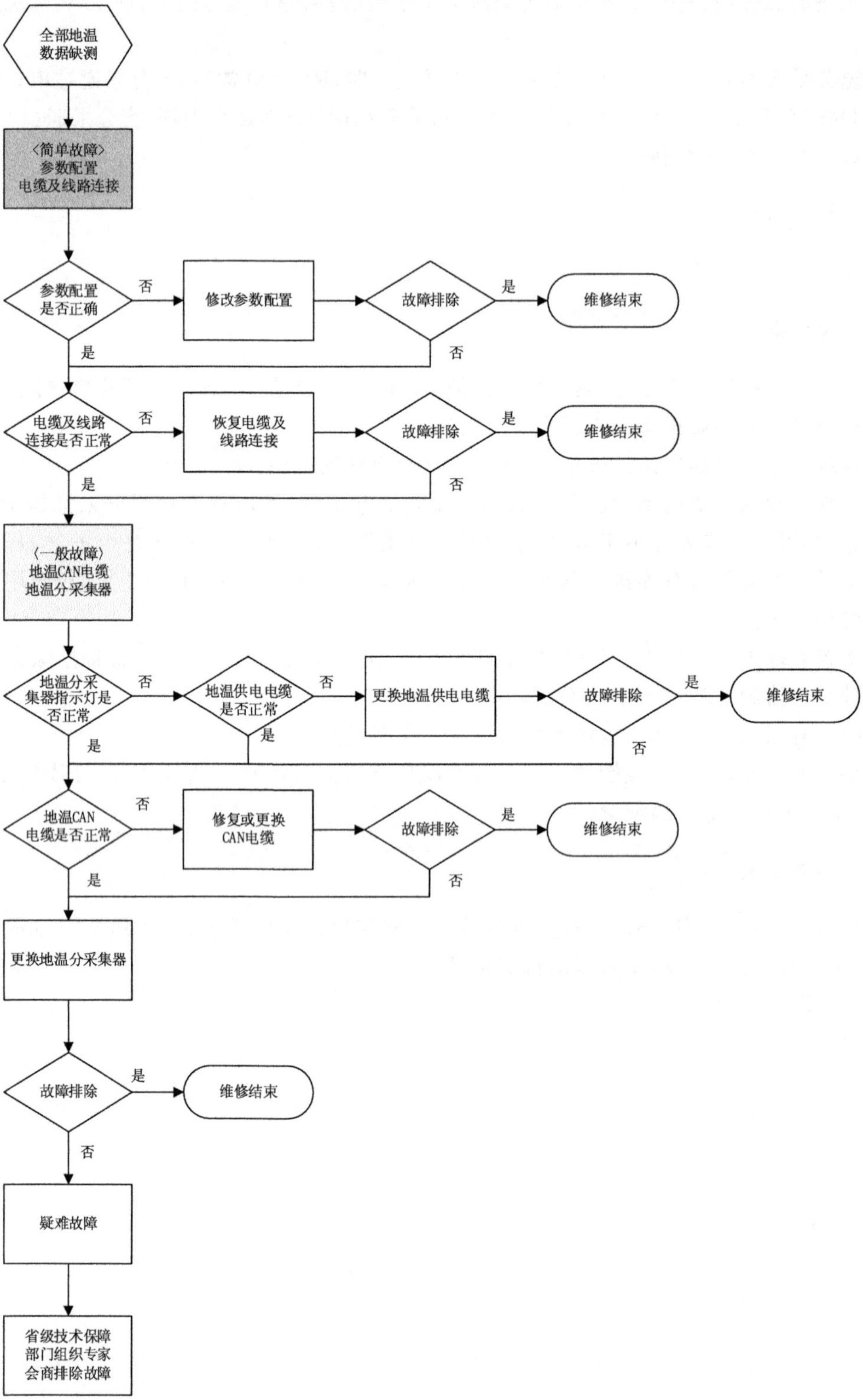
全部地温数据缺测
〈简单故障〉参数配置 电缆及线路连接
参数配置是否正确
否
修改参数配置
故障排除
是
维修结束
否
是
电缆及线路连接是否正常
否
恢复电缆及线路连接
故障排除
是
维修结束
否
是
〈一般故障〉地温CAN电缆 地温分采集器
地温分采集器指示灯是否正常
否
地温供电电缆是否正常
否
更换地温供电电缆
故障排除
是
维修结束
否
是
是
地温CAN电缆是否正常
否
修复或更换CAN电缆
故障排除
是
维修结束
否
是
更换地温分采集器
故障排除
是
维修结束
否
疑难故障
省级技术保障部门组织专家会商排除故障

图 5.21　维修流程

5.12 全部地温(草温)数据异常

5.12.1 故障现象

全部地温(草温)数据异常。

5.12.2 故障分析

地温传感器用于测量土壤的温度,其工作原理同气温传感器。地温分采集器采集草温、地表温、浅层地温、深层地温,并将采样、处理数据通过 CAN 总线提交给主采集器。

在温湿度数据正常的前提下,可判定主采集箱内公共部分:CAN 通信正常。全部地温异常首先考虑相应参数配置是否正确,其次全部地温传感器同时故障(性能下降)造成全部地温数据异常的可能性几乎为零。引起此故障的原因可能有:

(1)参数配置错误;

(2)地温采集通道线路连接不良;

(3)地温分采集器故障;

(4)系统接地不良或外部电磁干扰。

5.12.3 技术依据

DZZ6 自动气象站地温采集系统连接图见图 5.22。

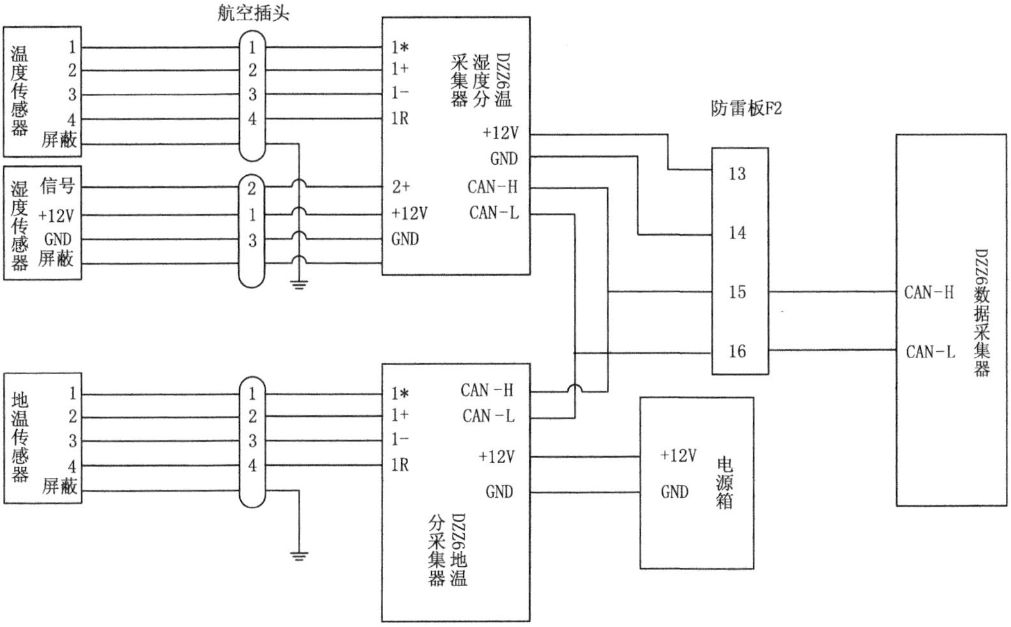

图 5.22 DZZ6 自动气象站地温采集系统连接图

主采集器通过同一条 CAN 总线与温湿分采集器、地温分采集器通信，DC 12V 电源来自同一接点。

地温分采集器有 4 个指示灯：应用程序正常运行时，RUN 灯常亮；当分采通过串口发送数据时，COM 灯闪烁；当分采通过 CAN 总线接收到数据时，CANR 灯闪烁；当分采通过 CAN 总线发送数据时，CANT 灯闪烁。

5.12.4 维修流程

维修流程见图 5.23。

5.12.5 检测要点

检查传感器修正值是否正常。

检查地温传感器连接是否正确，传感器接插件是否有松动现象。地温传感器连接不良、接触电阻变大或接插件因潮湿、污染等造成绝缘电阻变小都会影响测量准确度。

有时所有指示灯都正常，地温分采集器也可能故障，引起全部地温数据异常，可通过更换地温分采集器查看故障是否排除。

5.12.6 恢复测试

(1)待自动站启动完成后，通过业务软件查看监控界面实时数据，与备用站实时观测数据比较，确定全部地温(草温)实时观测数据正常。

(2)完成恢复测试。

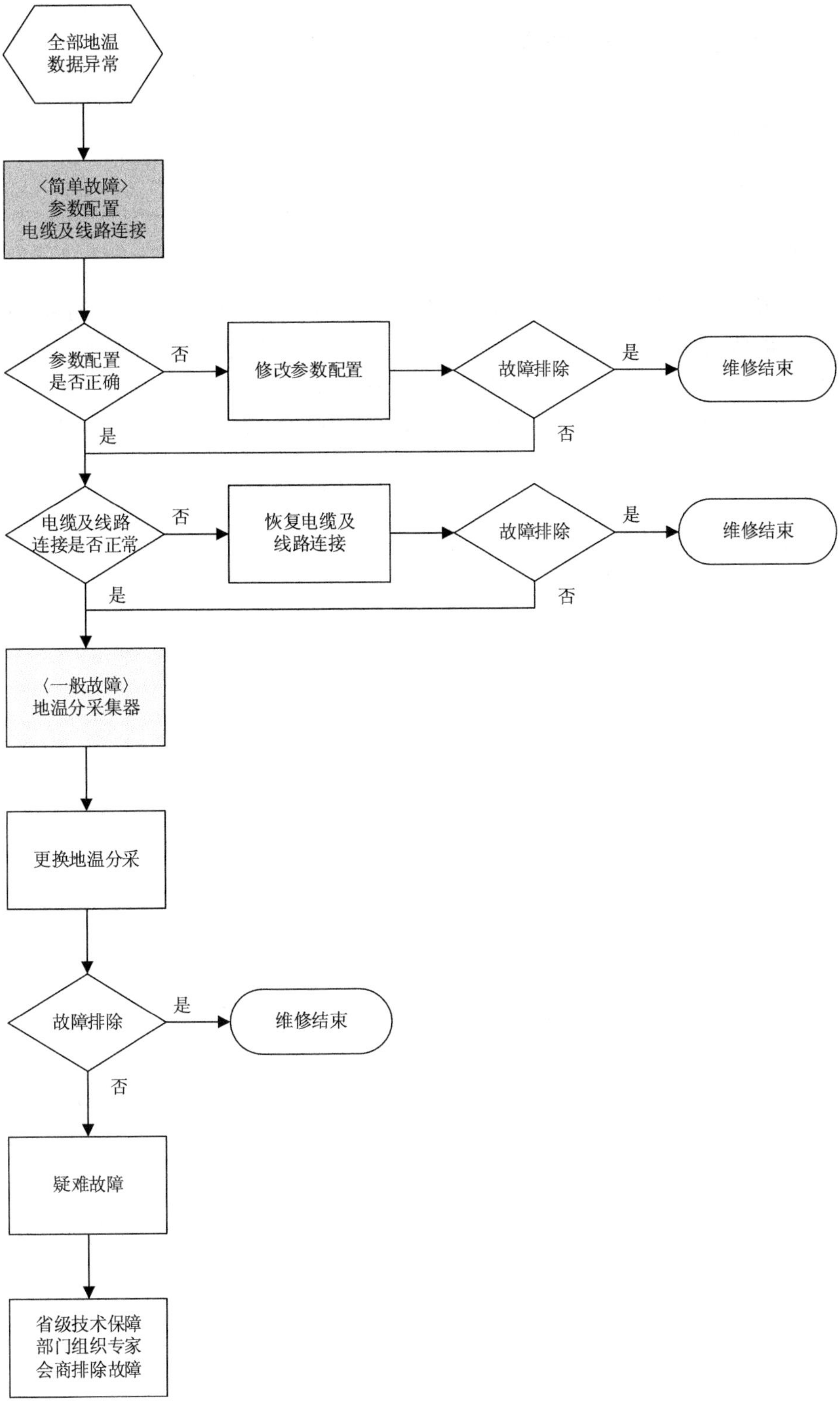
全部地温
数据异常
〈简单故障〉
参数配置
电缆及线路连接
参数配置
是否正确
否
修改参数配置
故障排除
是
维修结束
否
是
电缆及线路
连接是否正常
否
恢复电缆及
线路连接
故障排除
是
维修结束
否
是
〈一般故障〉
地温分采集器
更换地温分采
故障排除
是
维修结束
否
疑难故障
省级技术保障
部门组织专家
会商排除故障

图 5.23　维修流程

5.13 单只或多只地温(草温)数据缺测或异常

5.13.1 故障现象

单只或多只地温(草温)数据缺测或异常。

5.13.2 故障分析

地温传感器用于测量土壤的温度，其工作原理同气温传感器，区别主要是测量精度和测量范围不同。全部地温(草温)传感器共用一个地温分采集器，与主采集器采用 CAN 通信。在部分地温(草温)数据正常的前提下，可以确定地温分采集器核心部分及地温数据通道公共部分(主采集器、CAN 通信、DC 12V 电源等)运行正常。引起本故障的原因可能有：

(1)ISOS 软件及参数配置错误；

(2)地温传感器线路连接不良；

(3)地温传感器故障；

(4)地温分采集器通道故障；

(5)系统接地不良或外部电磁干扰。

5.13.3 技术依据

DZZ6 自动气象站地温采集系统连接图见图 5.24。

全部地温(草温)传感器接在一个地温分采集器上，与主采集器通过 CAN 总线通信。

地温分采集器有 4 个指示灯：应用程序正常运行时，RUN 灯常亮；当分采通过串口发送数据时，COM 灯闪烁；当分采通过 CAN 总线接收到数据时，CANR 灯闪烁；当分采通过 CAN 总线发送数据时，CANT 灯闪烁。

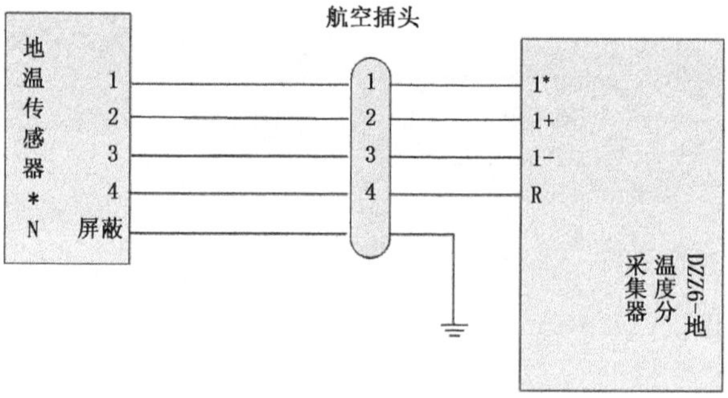

图 5.24 DZZ6 自动气象站地温采集系统连接图

5.13.4 维修流程

维修流程见图 5.25。

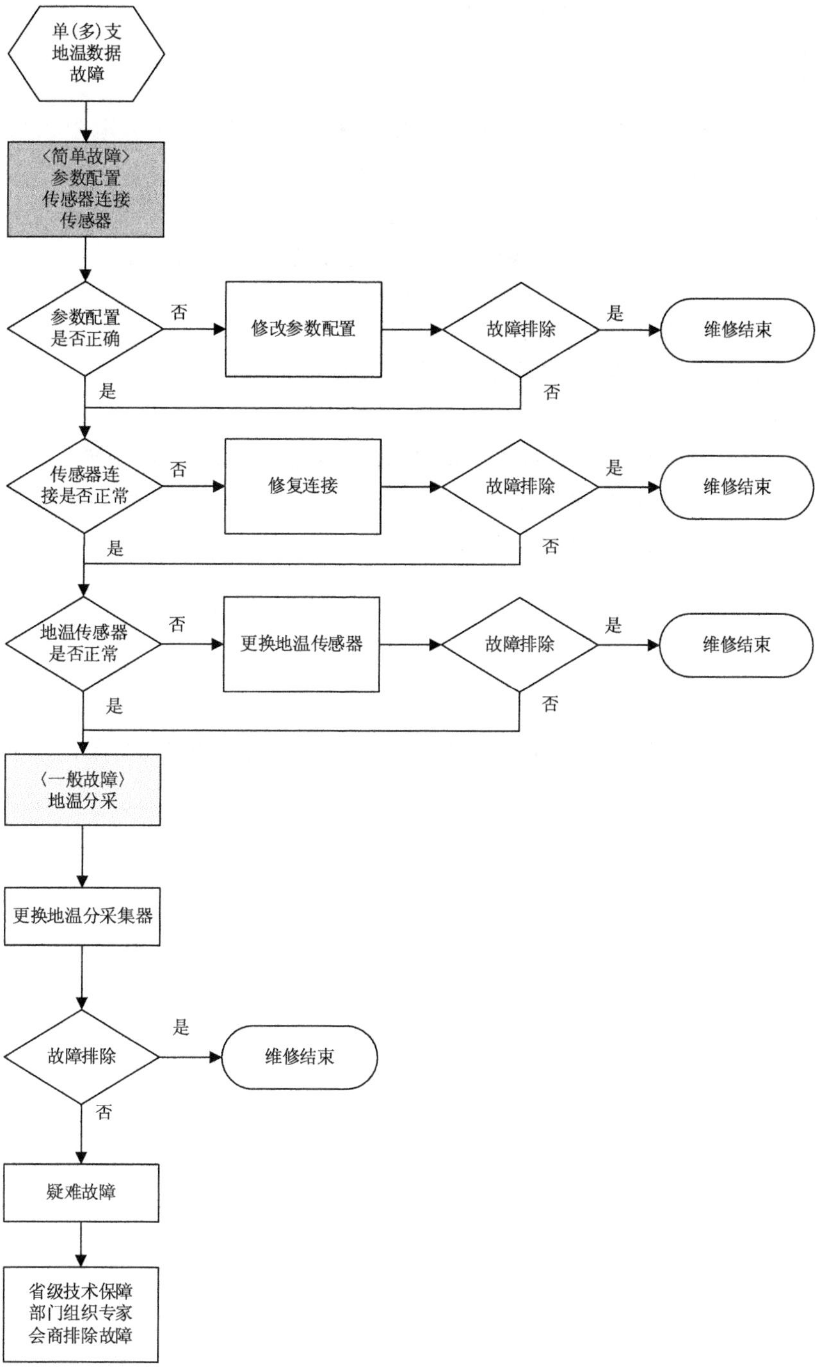

图 5.25 维修流程

5.13.5 检测要点

检查传感器挂接是否正常，是否处于维护、停用、标定状态；传感器是否开启；传感器测量范围、质量控制参数、修正值是否正常。

检查地温传感器连接是否正确，传感器接插件是否有松动现象，地温传感器连接不良接触电阻变大或接插件因潮湿、污染造成绝缘电阻变小都会影响测量准确度；在地温传感器虚接、短路或断路时都会出现故障。

在温湿度分采集器断电的情况下打开温湿度分采集器盖板，万用表电阻挡（200Ω）测量该气温传感器的电阻，根据计算公式换算出温度，并与实际气温值比较。

通过测量电阻值 R 计算地温值 T 的方法为：

$$T=\frac{R_1(\text{异端电阻值})-R_2(\text{同端电阻值})-100\Omega}{0.385\Omega/^\circ\text{C}} \tag{5.3}$$

如果计算出的地温值与实际值相差很大，或者测量的电阻值为“0”或“∞”，则说明故障原因为传感器或线路连接。如果有连接故障，修复故障部位或者更换故障部件；如果连接都正常，则说明地温传感器故障。

如果计算出的地温值与实际地温数值相符，说明地温传感器正常，故障由地温分采集器引起。由于本故障只是部分地温通道故障，分采集器核心部分工作正常，虽然各指示灯状态正常，也必须更换地温分采集器才能排除故障。

注：需注意检查地温传感器及地温分采集器屏蔽接地，如果屏蔽线虚接或者未接也有可能造成故障。

5.13.6 恢复测试

(1)待自动站启动完成后，通过业务软件查看监控界面实时数据，与备用站实时观测数据比较，确定地温（草温）实时观测数据正常。

(2)完成恢复测试。

5.14 风向风速数据同时异常

5.14.1 故障现象

风向风速数据同时异常。

5.14.2 故障分析

DZZ6 型自动站风传感器标准配置为 EL15－2C 型风向传感器、EL15－1C 型风速传感器。在正常状态下，主采集器提供 DC5V 稳定电源为风向风速传感器供电，主采集器风向采集通道读取风向传感器输出 7 位格雷码（D0—D6 与 GND 间电压值，高电位为 1，低电位为 0）计算得出风向值；主采集器风速通道对风速传感器产生的脉冲信号进行计数，并计算得出风速值。引起该故障的原因可能有：

(1)ISOS 软件及参数配置错误；

(2)电缆连接不良；

(3)风向风速传感器同时故障；

(4)风向风速供电故障；

(5)防雷板风向风速通道同时故障；

(6)主采集器风向风速通道同时故障；

(7)风信号电缆故障；

(8)风横臂内部风向风速电缆同时故障。

5.14.3　技术依据

DZZ6 自动气象站风信号流向图见图 5.26；风横臂上风传感器接线图见图 5.27；采集器上风传感器接线图见图 5.28。

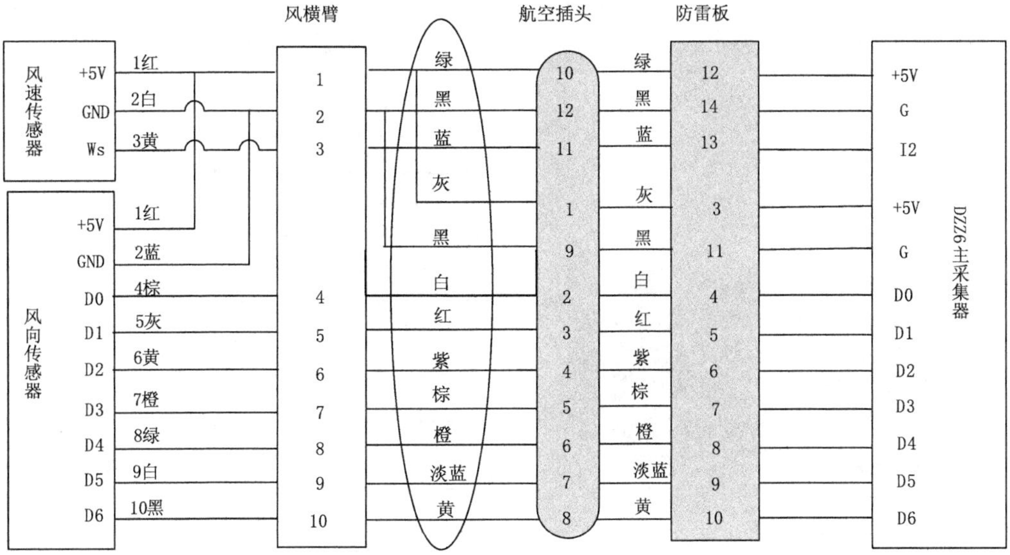

(a)12芯风线

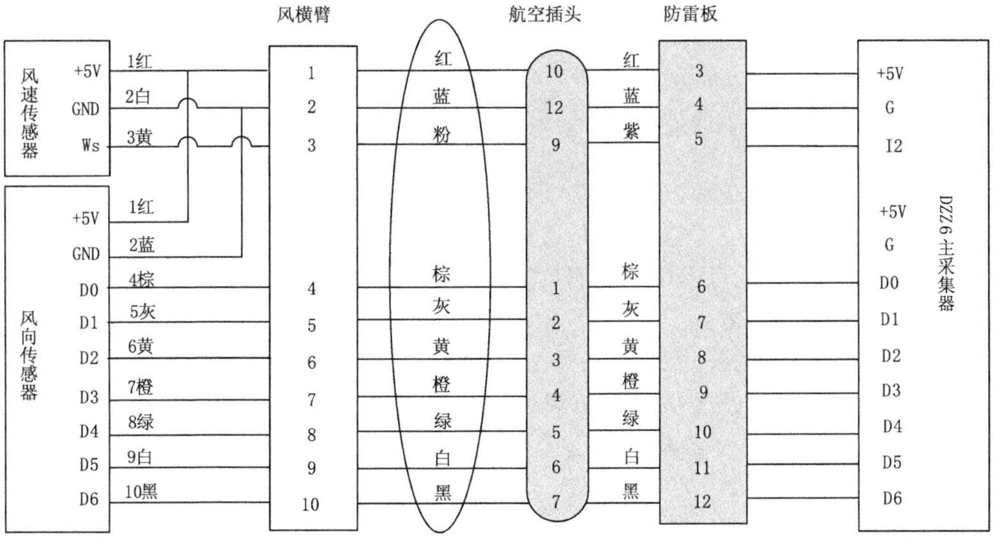

(b)10芯风线

图 5.26　DZZ6 自动气象站风信号流向图

主采集器提供稳定 DC 5V 电源，经防雷板、风电缆到达风横臂接线盒后，再分别为风向、风速传感器供电。

风向信号：D0—D6 分别对应七位格雷码，信号输出为接近 0V 的低电平或 DC 4.9V 左右的高电平。

风速信号：传感器输出频率信号，正常情况下，风杯转动时，测量其输出电压为 AC2.3V/DC3.0V 左右；风杯静止时测量其输出电压为 DC0.8V 或 DC4.9V 左右。风速传感器信号频率与风速呈线性关系，换算公式为：

$$V=0.3+0.049F \tag{5.4}$$

式中，V 为风速，单位：米/秒(m/s)；F 为输出脉冲频率，单位：赫兹(Hz)。

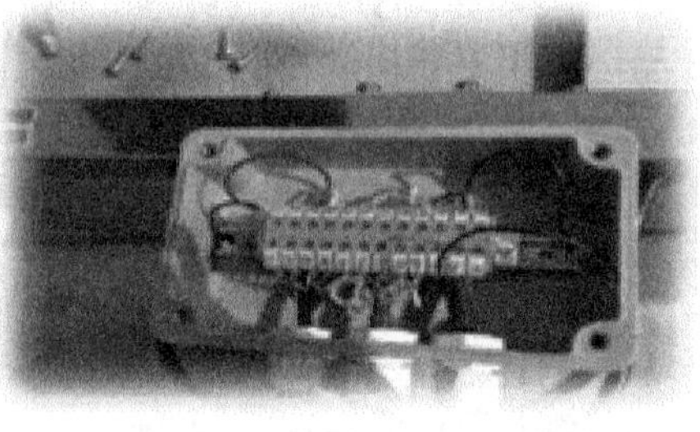

图 5.27　风横臂上风传感器接线图

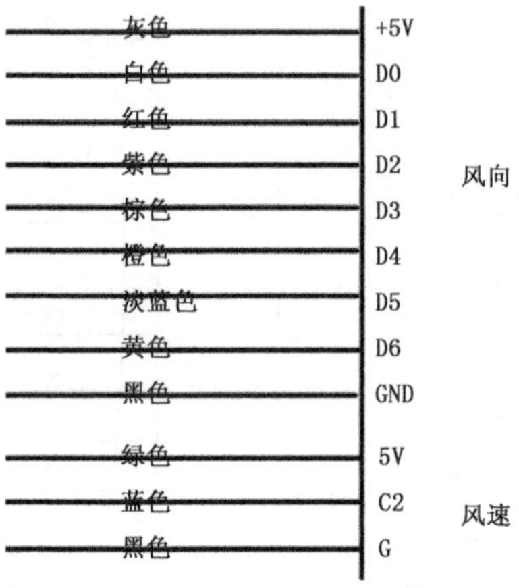

图 5.28　采集器上风传感器接线图

5.14.4　维修流程

维修流程见图 5.29。

5.14.5　检测要点

检查传感器挂接是否正常，是否处于维护、停用、标定状态；传感器是否开启；传感器测量范围、质量控制参数、修正值、配置参数是否正常。

检查风向风速传感器、风电缆航空插头连接是否正常，检查主采集器输入端口、防雷板输入输出端压线连接是否正常。

风向、风速数据采集的公共部分，只有主采集器至风横臂接线盒的风传感器供电线路，主采集器提供两路 DC 5V 电压输出（风向、风速），只用其中一路同时为风向、风速传感器供电，取下风传感器供电端子，使采集器空载运行，测量 DC 5V 电压输出是否正常，若输出不正常，换用另一路 DC 5V 供电，如果两路 DC 5V 供电都不正常，则更换主采集器。

如果主采集器提供的 DC 5V 供电正常，测量防雷板输出端 DC 5V 电源是否正常，排除防雷板故障；测量风横臂接线盒内 DC 5V 电源是否正常，排除风电缆故障；如果以上测量点正常，则用替换法排除风向、风速传感器同时故障；用测量法检查风横臂内电缆是否同时故障。

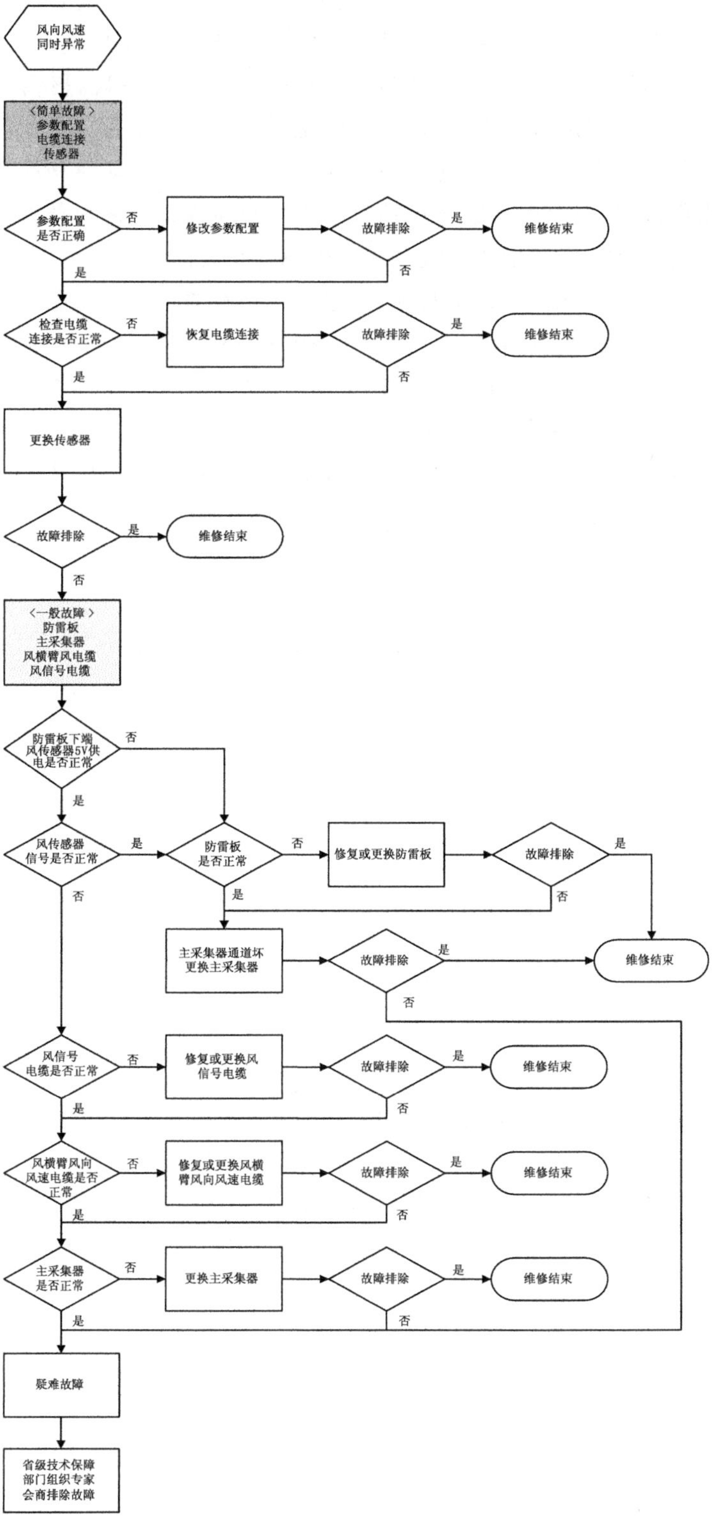
风向风速
同时异常
〈简单故障〉
参数配置
电缆连接
传感器
参数配置
是否正确
否
修改参数配置
故障排除
是
维修结束
否
是
检查电缆
连接是否正常
否
恢复电缆连接
故障排除
是
维修结束
否
是
更换传感器
故障排除
是
维修结束
否
〈一般故障〉
防雷板
主采集器
风横臂风电缆
风信号电缆
防雷板下端
风传感器5V供
电是否正常
否
是
风传感器
信号是否正常
是
防雷板
是否正常
否
修复或更换防雷板
故障排除
是
是
否
否
主采集器通道坏
更换主采集器
故障排除
是
维修结束
否
风信号
电缆是否正常
否
修复或更换风
信号电缆
故障排除
是
维修结束
是
否
风横臂风向
风速电缆是否
正常
否
修复或更换风横
臂风向风速电缆
故障排除
是
维修结束
是
否
主采集器
是否正常
否
更换主采集器
故障排除
是
维修结束
是
否
疑难故障
省级技术保障
部门组织专家
会商排除故障

图 5.29　维修流程

在主采集器提供的风传感器供电正常的前提下，通过测量风信号定位故障，在风杯转动情况下，用万用表频率挡或者 DC 20V 挡测量风速信号，若输出频率与风速变化对应或输出电压在 DC 3.0V 左右，说明风速信号正常；通过测量 D0—D6 电平高低得出格雷码，再换算成风向数据，对比现场实际风向，看两者是否一致，若一致说明风向信号正常。依次测量判断：主采集器输入端风信号正常则主采集器故障；防雷板输入端风信号正常则防雷板故障；风横臂接线盒风信号正常则风电缆故障；风横臂接线盒风信号不正常则风横臂电缆或传感器故障，用替换法排除风向、风速传感器故障；用测量法检查风横臂内电缆是否故障。

防雷板正常情况下，通道输入、输出端导通、通道之间及通道对地断路，否则防雷板故障。

检查风信号电缆及风横臂线路检查方法：首先排查短路故障，电缆一端空载（不连接），在另一端用万用表蜂鸣挡测量任意两根芯线之间电阻应为“∞”（不蜂鸣），否则有短路故障；其次排查断路故障，电缆一端芯线两两短接，在另一端用万用表蜂鸣挡测量对应两根芯线之间应连通（蜂鸣），否则有断路故障。如果风电缆有短路或断路故障需更换风电缆，如果风横臂电缆有短路或断路故障需修复或更换风横臂电缆。

5.14.6 恢复测试

（1）待自动站启动完成后，通过业务软件查看监控界面实时数据，与备用站实时观测数据比较，确定风向、风速实时观测数据正常。

（2）完成恢复测试。

5.15 风向数据异常

5.15.1 故障现象

风向数据异常。

5.15.2 故障分析

DZZ6 型自动站风向传感器标准配置为 EL15－2C 型风向传感器。在正常状态下，主采集器提供 5V 稳定电源同时为风向风速传感器供电，主采集器风向通道读取风向传感器输出 7 位格雷码（D0—D6 与 GND 间电压值，高电位为 1，低电位为 0），计算得出风向值。在风速数据正常的前提下，确定风横臂接线盒 DC 5V 供电正常。引起风向异常故障的原因可能有：

（1）参数配置错误；

（2）电缆连接不良；

（3）风向传感器故障；

（4）风向供电故障；

（5）防雷板风向信号通道故障；

（6）主采集器风向通道故障；

（7）风信号电缆故障；

（8）风横臂风向电缆故障。

5.15.3　技术依据

风向测量信号流向图见图 5.30；风横臂上风传感器接线图见图 5.31；采集器上风传感器接线图见图 5.32。

主采集器提供两路稳定 DC 5V 电源，只用其中一路同时为风向、风速传感器供电，到达风横臂接线盒后，再分别为风向、风速传感器供电。当风向传感器供电正常时，D0—D6 信号输出接近 0V 的低电平或 DC 4.9V 左右的高电平，形成格雷码信号输出给主采集器。

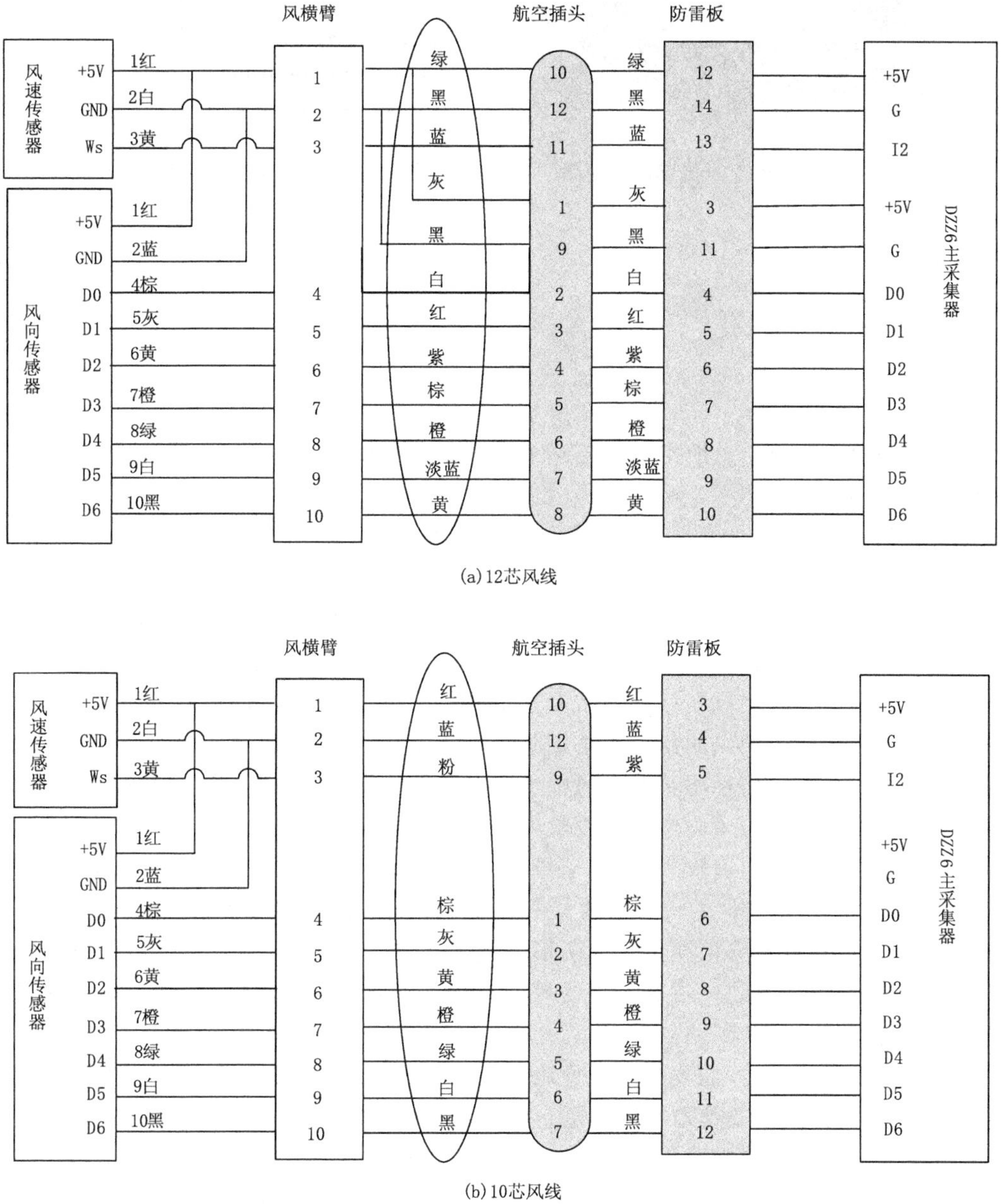

图 5.30　风向测量信号流向图

图 5.31　风横臂上风传感器接线图

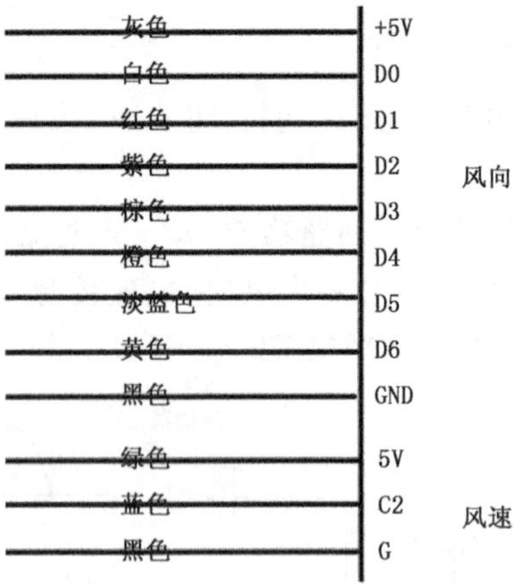

图 5.32　采集器上风传感器接线图

5.15.4　维修流程

维修流程见图 5.33。

5.15.5　检测要点

检查风向传感器、风电缆航空插头连接是否正常，检查主采集器输入端口、防雷板输入输出端压线连接是否正常。

检查风向传感器指北是否正常。在长时间应用后，可能会出现因固定不牢造成的风横臂偏转或者风向传感器指北偏离现象。

在风速数据正常的前提下，确定风横臂接线盒 DC 5V 供电正常。通过测量风向信号定位故障点。测量 D0—D6 信号电平高低得出格雷码，再换算成风向数据，对比现场实际风向，看两者是否一致，若一致说明风向信号正常。依次测量判断：主采集器输入端风向信号正常则主采集器故障；防雷板输入端风向信号正常则防雷板故障；风横臂接线盒风向信号正常则风电缆故障；风横臂接线盒风向信号不正常则风横臂电缆或传感器故障，用替换法排除风向传感器故障，用测量法检查风横臂内风向电缆是否故障。

防雷板正常情况下，通道输入、输出端导通、通道之间及通道对地断路，否则防雷板故障。

检查风信号电缆及风横臂风向电缆检查方法：首先排查短路故障，电缆一端空载（不连接），在另一端用万用表蜂鸣挡测量任意两根芯线之间电阻应为“∞”（不蜂鸣），否则有短路故障；其次排查断路故障，电缆一端芯线两两短接，在另一端用万用表蜂鸣挡测量对应两根芯线之间应连通（蜂鸣），否则有断路故障。

注：格雷码换算风向时，需要先将格雷码转换为二进制，即用格雷码的最左位（即高位）与“0”异或取得一个值，用最高位取得的异或值结果与格雷码的次位（即：左二位）再次计算异或值，其结果依次与下一位格雷码异或计算，所取得的与原格雷码位数相同的一个数据即是转换所得二进制。如格雷码 0110000 转换为二进制为：0100000，再将二进制数换算成 10 进制数并乘以其分辨率 2.8125（32×2.8125＝90），即可得到当前格雷码代表的风向为 90°。

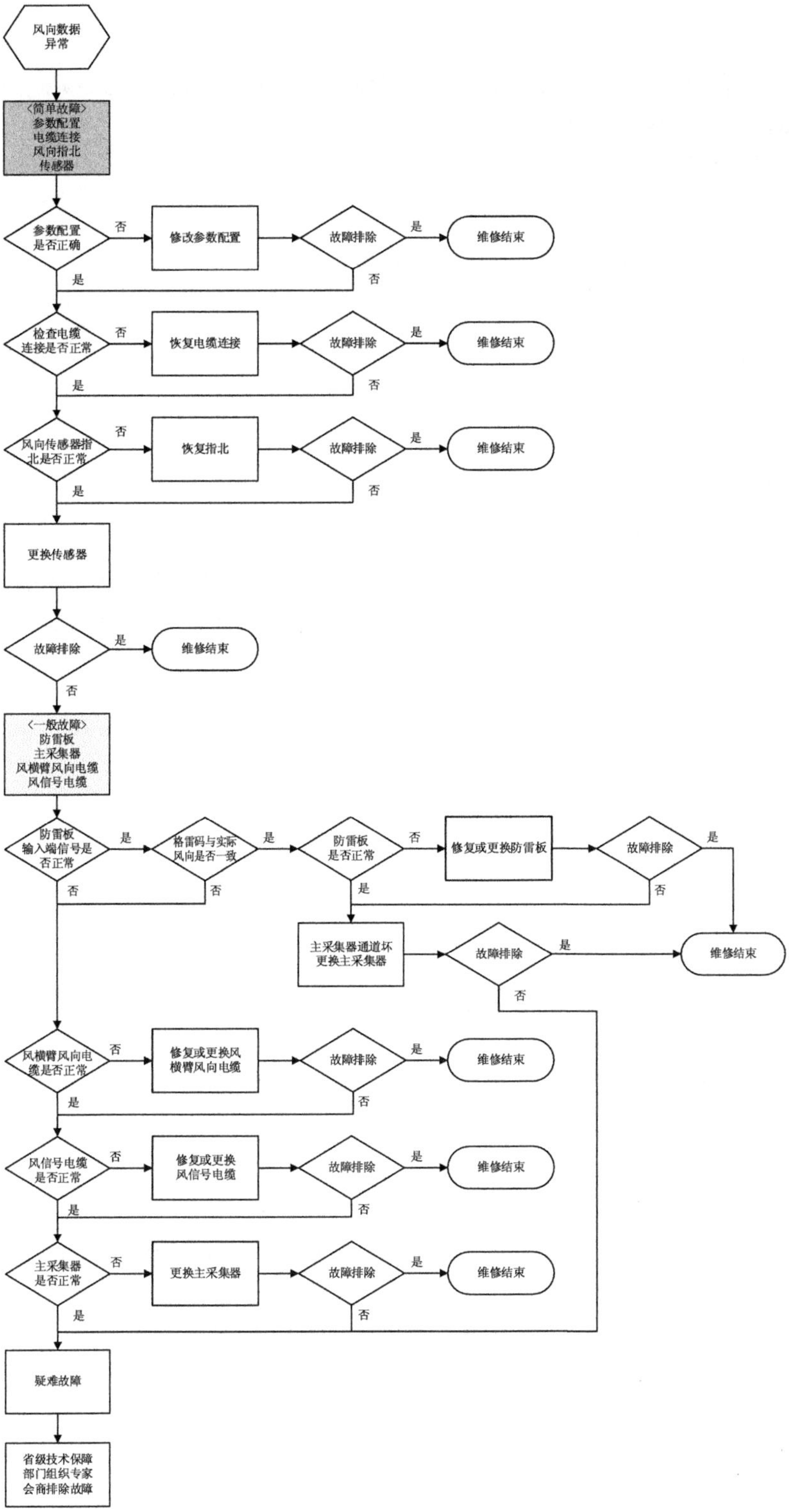
风向数据异常
〈简单故障〉
参数配置
电缆连接
风向指北
传感器
参数配置是否正确
否
修改参数配置
故障排除
是
维修结束
是
否
检查电缆连接是否正常
否
恢复电缆连接
故障排除
是
维修结束
是
否
风向传感器指北是否正常
否
恢复指北
故障排除
是
维修结束
是
否
更换传感器
故障排除
是
维修结束
否
〈一般故障〉
防雷板
主采集器
风横臂风向电缆
风信号电缆
防雷板输入端信号是否正常
是
格雷码与实际风向是否一致
是
防雷板是否正常
否
修复或更换防雷板
故障排除
是
否
否
否
是
主采集器通道坏更换主采集器
故障排除
是
维修结束
否
风横臂风向电缆是否正常
否
修复或更换风横臂风向电缆
故障排除
是
维修结束
是
否
风信号电缆是否正常
否
修复或更换风信号电缆
故障排除
是
维修结束
是
否
主采集器是否正常
否
更换主采集器
故障排除
是
维修结束
是
否
疑难故障
省级技术保障部门组织专家会商排除故障

图 5.33 维修流程

5.15.6 恢复测试

(1)待自动站启动完成后,通过业务软件查看监控界面实时数据,与备用站实时观测数据比较,确定风向实时观测数据正常。

(2)完成恢复测试。

5.16 风速数据异常

5.16.1 故障现象

风速数据异常。

5.16.2 故障分析

DZZ6 型自动站风速传感器标准配置为 EL15－1C 型风速传感器。在风传感器供电正常状态下,采集器风速通道对风速传感器产生的脉冲信号进行计数,并处理转换为风速值。在风向数据正常的前提下,确定风横臂接线盒 DC 5V 供电正常。引起该故障的原因可能有:

(1)参数配置错误;

(2)电缆连接不良;

(3)风速传感器故障;

(4)风速传感器供电故障;

(5)防雷板风速通道故障;

(6)主采集器风速通道故障;

(7)风信号电缆故障;

(8)风横臂风速电缆故障。

5.16.3 技术依据

风速测量信号流向图见图 5.34;风横臂上风传感器接线图见图 5.35;采集器上风传感器接线图见图 5.36。

主采集器提供两路稳定 DC 5V 电源,只用其中一路同时为风向、风速传感器供电,到达风横臂接线盒后,再分别为风向、风速传感器供电。当供电电压正常时,主采集器风速通道对风速传感器产生的脉冲信号进行计数,并处理转换为风速值。正常情况下风杯转动时,测量其输出电压为 AC 2.3V/DC 3.0V 左右;风杯静止时测量其输出电压为 DC 0.8V 或 DC 4.9V 左右。

风速传感器信号频率与风速呈线性关系,换算公式为:

$$V=0.3+0.049F \tag{5.5}$$

式中,V 为风速,单位:米/秒(m/s);F 为输出脉冲频率,单位:赫兹(Hz)。

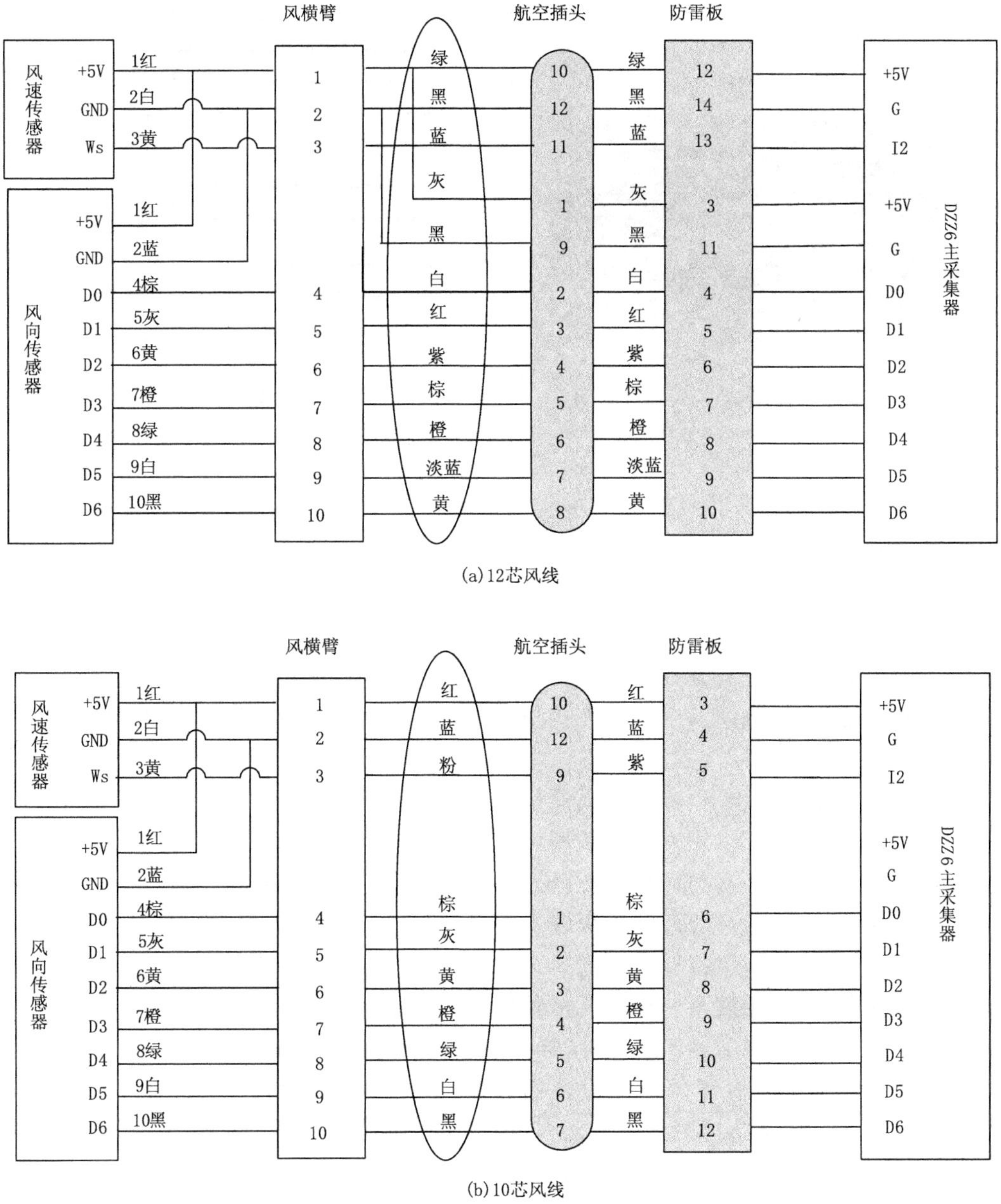

图 5.34 风速测量信号流向图

图 5.35　风横臂上风传感器接线图

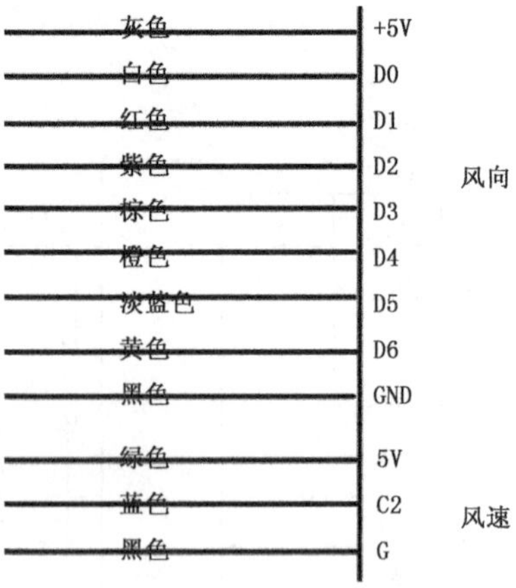

图 5.36　采集器上风传感器接线图

5.16.4　维修流程

维修流程见图 5.37。

5.16.5　检测要点

检查传感器修正值、配置参数是否正常。

检查风速传感器、风电缆航空插头连接是否正常，检查主采集器输入端口、防雷板输入输出端压线连接是否正常。

在风向数据正常的前提下，确定风横臂接线盒 DC 5V 供电正常。通过测量风速信号定位故障点。在风杯转动情况下，用万用表频率挡或者 DC 20V 挡测量风速信号，若输出频率与风速变化对应或输出电压在 DC 3.0V 左右，说明风速信号正常。依次测量判断：主采集器输入端风速信号正常则主采集器故障；防雷板输入端风速信号正常则防雷板故障；风横臂接线盒风速信号正常则风电缆故障；风横臂接线盒风速信号不正常则风横臂电缆或传感器故障，用替换法排除风速传感器故障，用测量法检查风横臂内风速电缆是否故障。

防雷板正常情况下，通道输入、输出端导通、通道之间及通道对地断路，否则防雷板故障。

检查风信号电缆及风横臂风速电缆检查方法：首先排查短路故障，电缆一端空载（不连接），在另一端用万用表蜂鸣挡测量任意两根芯线之间电阻应为“∞”（不蜂鸣），否则有短路故障；其次排查断路故障，电缆一端芯线两两短接，在另一端用万用表蜂鸣挡测量对应两根芯线之间应连通（蜂鸣），否则有断路故障。

5.16.6　恢复测试

（1）待自动站启动完成后，通过业务软件查看监控界面实时数据，与备用站实时观测数据比较，确定风速实时观测数据正常。

（2）完成恢复测试。

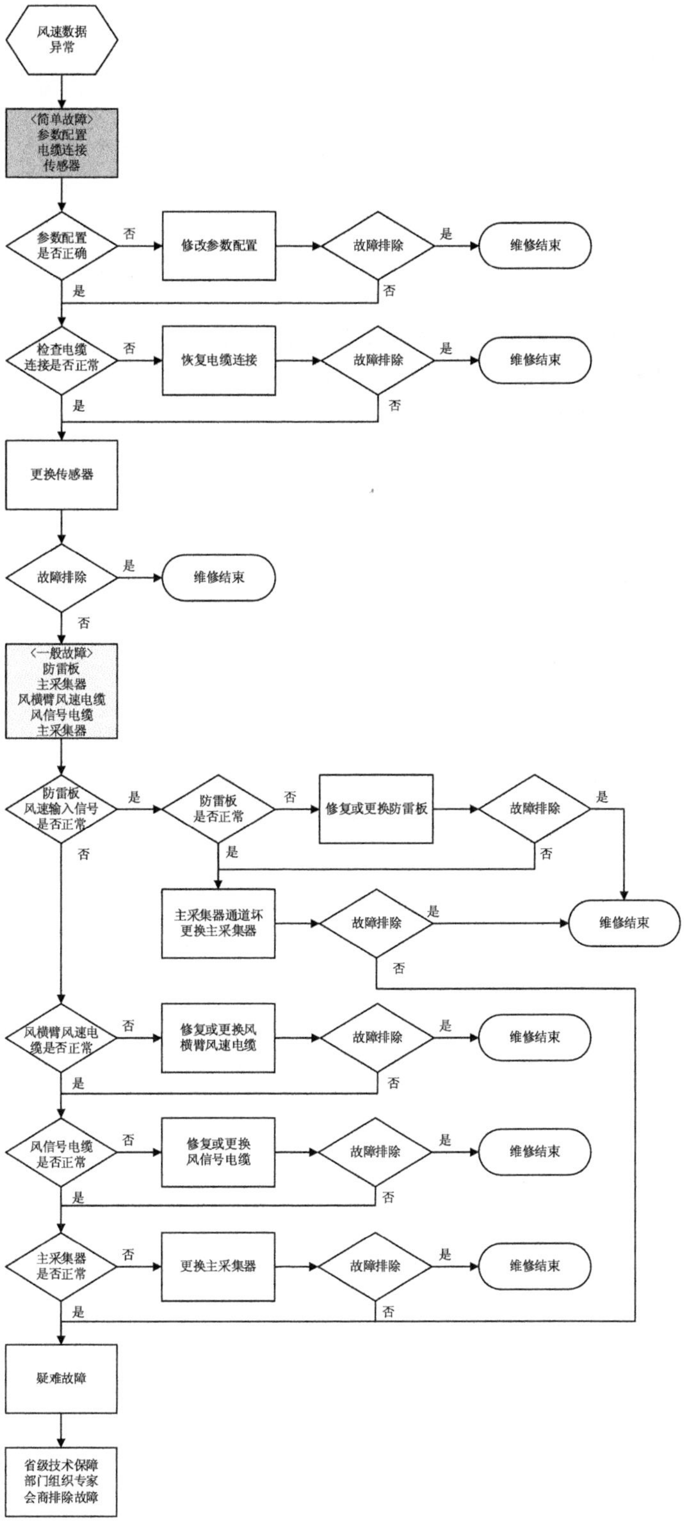
风速数据异常
〈简单故障〉
参数配置
电缆连接
传感器
参数配置是否正确
否
修改参数配置
故障排除
是
维修结束
否
是
检查电缆连接是否正常
否
恢复电缆连接
故障排除
是
维修结束
否
是
更换传感器
故障排除
是
维修结束
否
〈一般故障〉
防雷板
主采集器
风横臂风速电缆
风信号电缆
主采集器
防雷板风速输入信号是否正常
是
防雷板是否正常
否
修复或更换防雷板
故障排除
是
否
是
否
主采集器通道坏
更换主采集器
故障排除
是
维修结束
否
风横臂风速电缆是否正常
否
修复或更换风横臂风速电缆
故障排除
是
维修结束
否
是
风信号电缆是否正常
否
修复或更换风信号电缆
故障排除
是
维修结束
否
是
主采集器是否正常
否
更换主采集器
故障排除
是
维修结束
否
是
疑难故障
省级技术保障部门组织专家会商排除故障

图 5.37　维修流程

5.17 气压数据缺测

5.17.1 故障现象

气压数据缺测。

5.17.2 故障分析

气压传感器是智能传感器，具备数据采集处理及通信功能，主采集器通过 RS232 串口通信直接获取气压观测数据。引起此故障原因可能有：

(1)ISOS 软件及参数配置错误；

(2)电缆连接不良；

(3)气压传感器供电故障；

(4)气压传感器故障；

(5)主采集器通道故障。

5.17.3 技术依据

气压测量信号流向图见图 5.38。

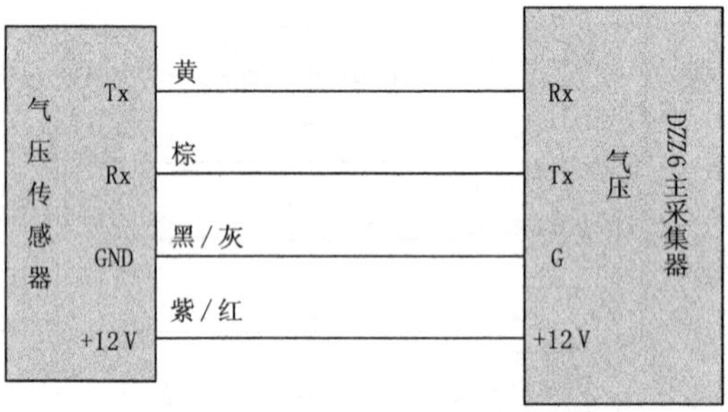

图 5.38 气压测量信号流向图

5.17.4 维修流程

维修流程见图 5.39。

5.17.5 检测要点

检查传感器挂接是否正常，是否处于维护、停用、标定状态；传感器是否开启；传感器测量范围、质量控制参数、修正值是否正常。

检查气压传感器端 9 针插头、主采集器气压端口压线连接是否良好。

检查测量气压传感器电缆，按照气压传感器电缆的接线定义，测量电缆是否正常，若存在短路、断路现象，说明电缆损坏需更换电缆。

在传感器连接电缆正常的情况下，观察气压传感器电源指示灯，正常情况下绿色常亮，若不亮或者闪烁，说明传感器供电不正常。检查气压传感器供电电压，将万用表调到 DC 20V

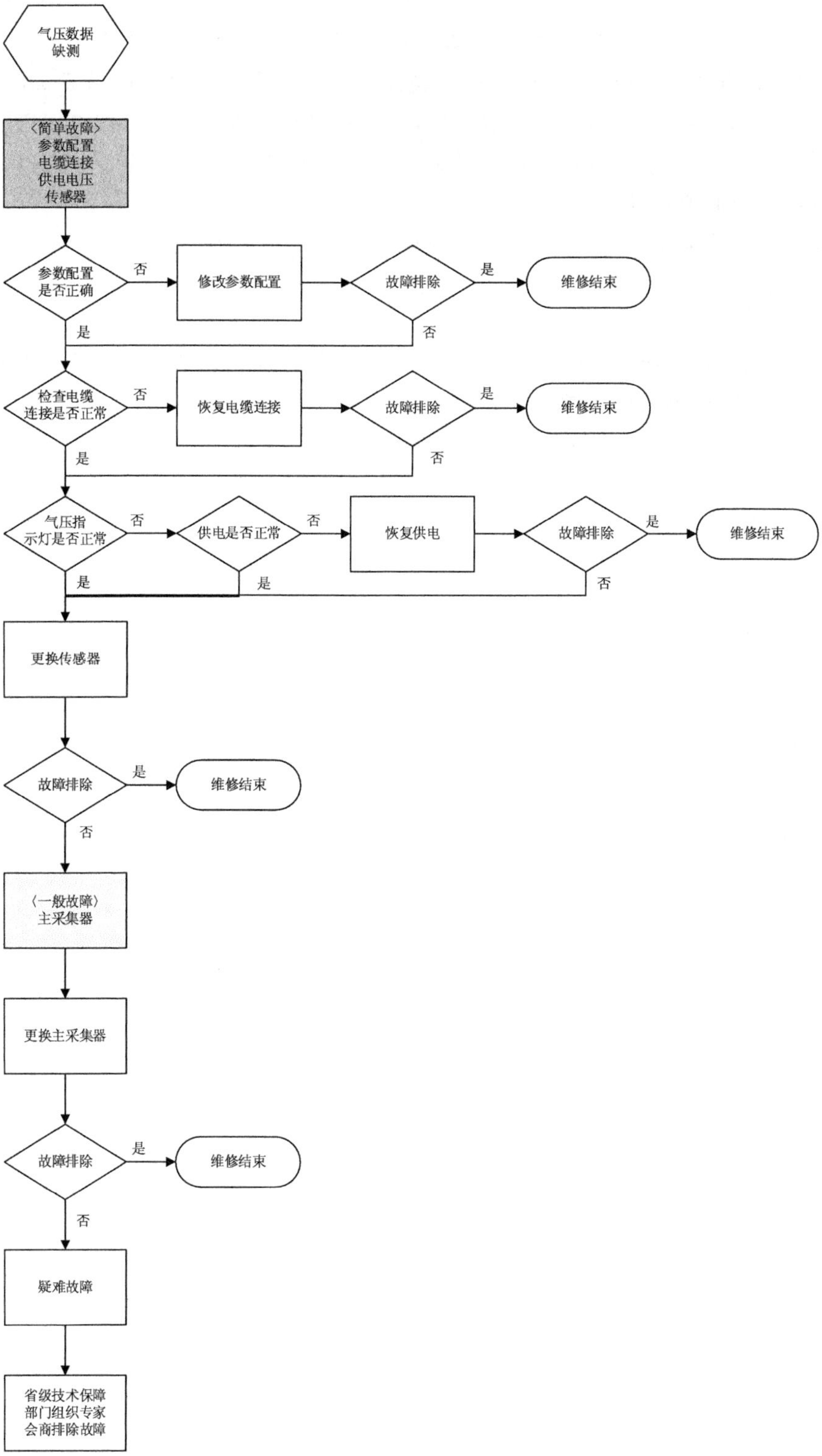
气压数据
缺测
〈简单故障〉
参数配置
电缆连接
供电电压
传感器
参数配置
是否正确
否
修改参数配置
故障排除
是
维修结束
是
否
检查电缆
连接是否正常
否
恢复电缆连接
故障排除
是
维修结束
是
否
气压指
示灯是否正常
否
供电是否正常
否
恢复供电
故障排除
是
维修结束
是
是
否
更换传感器
故障排除
是
维修结束
否
〈一般故障〉
主采集器
更换主采集器
故障排除
是
维修结束
否
疑难故障
省级技术保障
部门组织专家
会商排除故障

图 5.39 维修流程

挡，在主采集器气压端子上，测量“紫、黑”两端的电压，正常情况下应在 DC 10～13.8V 之间，若不正常，则说明供电存在问题修复供电，如果电压正常则气压传感器故障。

注：供电问题有两方面原因：(1)电源系统故障，在供电系统供电电压低于 DC 10V 时，有可能会出现自动站主采集器运行正常气压异常的现象；(2)气压传感器工作电压由主采集器内部供电，故供电电压不正常也有可能是主采集器故障造成，此时可将气压传感器电源线直接接入防雷板直流电源通道供电。

上述操作后若故障未排除，则可能是主采集器气压通道故障。

5.17.6 恢复测试

(1)待自动站启动完成后，通过业务软件查看监控界面实时数据，与备用站实时观测数据比较，确定气压实时观测数据正常。

(2)完成恢复测试。

5.18 气压数据异常

5.18.1 故障现象

气压数据异常。

5.18.2 故障分析

气压传感器是智能传感器，具备数据采集处理及通信功能，主采集器通过 RS232 串口通信直接获取气压观测数据。引起该故障的原因可能有：

(1)参数配置错误；

(2)气压传感器供电故障；

(3)气压传感器故障；

(4)系统接地不良或外部电磁干扰。

5.18.3 技术依据

气压测量信号流向图见图 5.40。

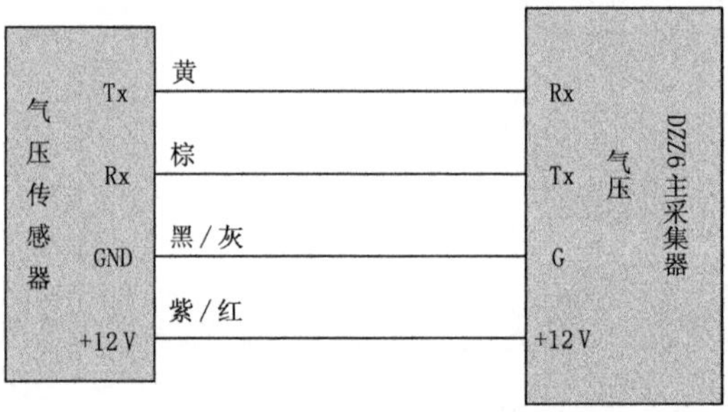

图 5.40 气压测量信号流向图

5.18.4 维修流程

维修流程见图 5.41。

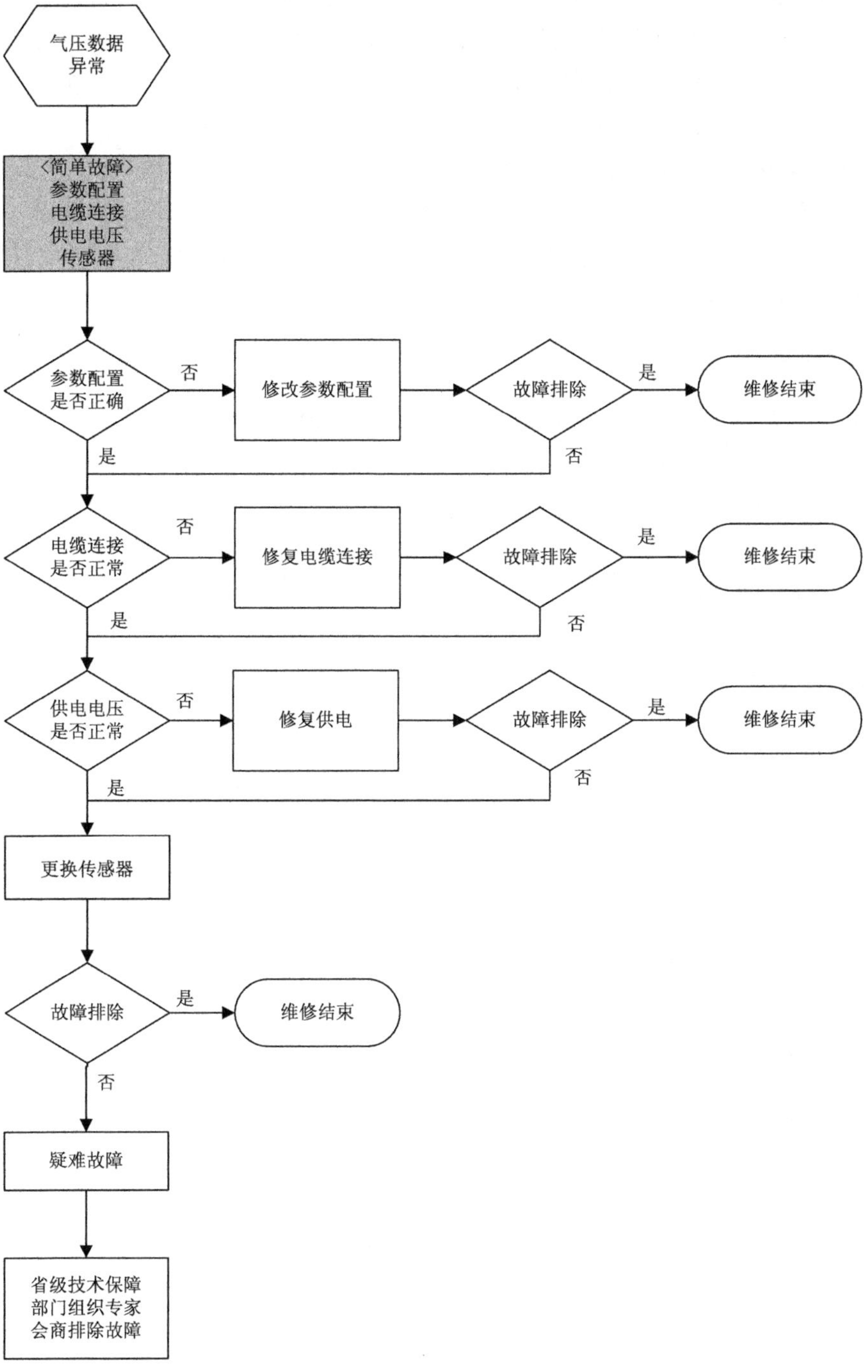

图 5.41 维修流程

5.18.5 检测要点

检查传感器修正值是否正常。

检查气压传感器端9针插头、主采集器气压端口压线连接是否良好。在保证传感器连接电缆正常的情况下，检查气压传感器供电电压，将万用表调到DC 20V挡，在主采集器气压端子上，测量“紫、黑”两端的电压，正常情况下，电压应在DC 10～13.8V之间，如果电压正常则气压传感器故障。若不正常，则说明供电存在问题，修复供电。

注：供电问题有两方面原因，一是电源系统故障，在供电系统供电电压低于DC 10V时，有可能会出现自动站主采集器运行正常气压异常的现象；二是气压传感器工作电压由主采集器内部供电，故供电电压不正常也有可能是主采集器故障造成，此时可将气压传感器电源线直接接入防雷板直流电源通道供电。

5.18.6 恢复测试

(1)待自动站启动完成后，通过业务软件查看监控界面实时数据，与备用站实时观测数据比较，确定气压实时观测数据正常。

(2)完成恢复测试。

5.19 翻斗雨量数据异常

5.19.1 故障现象

翻斗雨量数据异常。

5.19.2 故障分析

雨量传感器计数翻斗每翻动一次，干簧管闭合一次输出一个脉冲信号，相当于0.1mm降水量。采集器雨量端口提供DC 5V左右信号驱动电压，并采集记录脉冲信号数量生成雨量数据。引起此故障的原因可能有：

(1)配置参数错误；

(2)雨量传感器故障；

(3)雨量电缆故障或连接不良；

(4)主采集器通道故障；

(5)外部电磁干扰。

5.19.3 技术依据

雨量测量信号流向图见图5.42。

主采集器雨量端口提供DC 5V左右信号驱动电压。

5.19.4 维修流程

维修流程见图5.43。

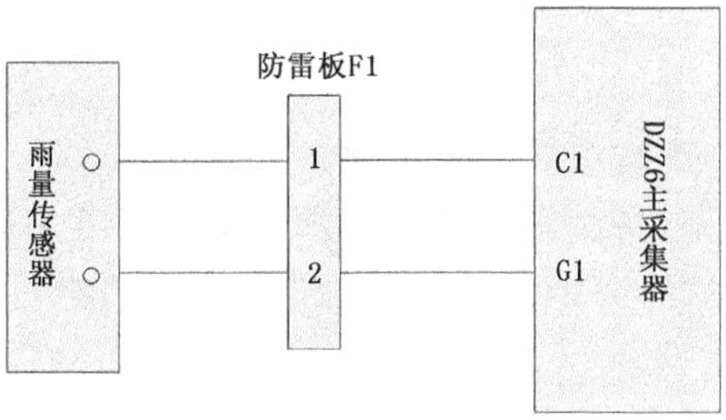

图 5.42 雨量测量信号流向图

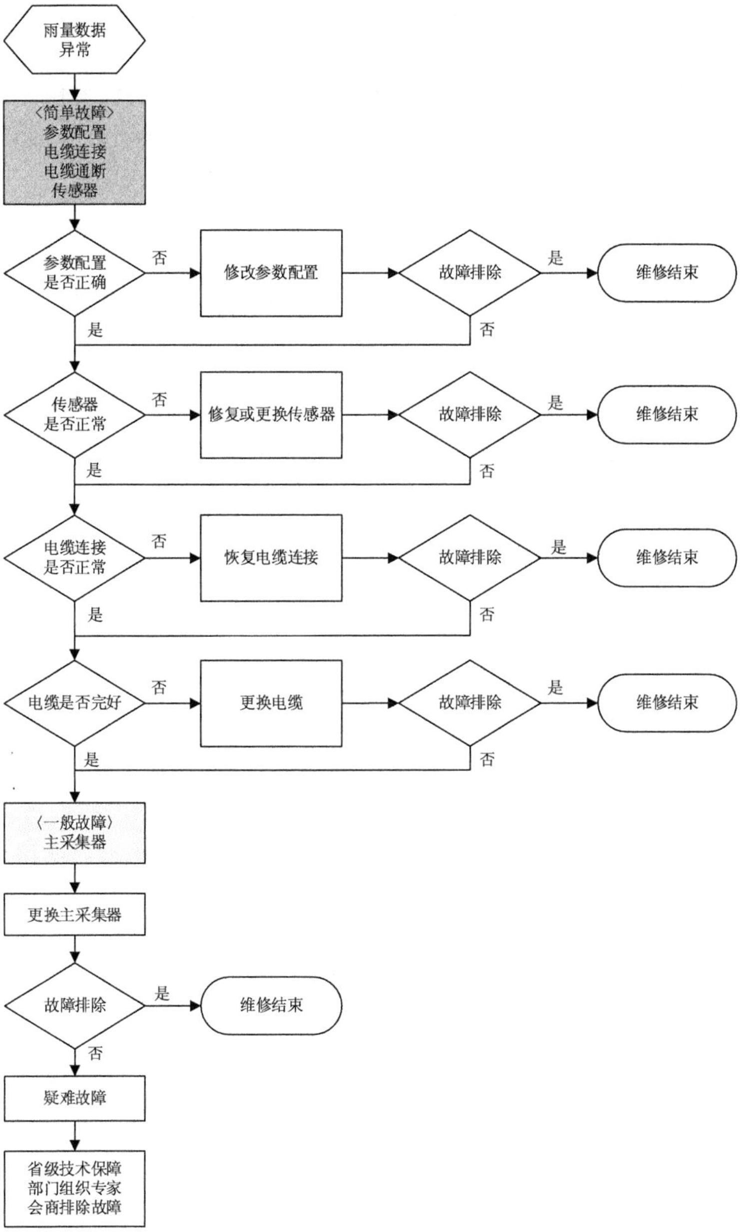

图 5.43 维修流程

5.19.5 检测要点

检查雨量传感器修正值、配置参数是否正常。

检查雨量传感器是否堵塞,各个翻斗能否正常翻动。用万用表蜂鸣挡测试雨量传感器是否正常,如果在计量翻斗翻动时,每翻一次能够正常发出蜂鸣声,说明雨量传感器干簧管正常,否则干簧管故障,需更换干簧管。

检查雨量电缆是否正常且连接良好:主采集器运行状态下,雨量采集端口有 DC 5V 左右的驱动电压,在线测量雨量传感器的红、黑接线柱,如果有 DC 5V 的电压,说明该线缆正常,否则线缆故障。或者断开雨量端子连接,用万用表通断挡测量雨量电缆是否有短路、断路故障,如果有则修复或更换雨量电缆。

主采集器运行状态下:将雨量端子拔掉,使用万用表直流电压挡测量雨量端口两针之间应有 DC 5V 左右的驱动电压,否则主采集器故障;使用金属工具短接雨量端口两针 n 次,采集软件应显示相应的降雨量($n\times0.1$mm),否则主采集器通道故障。

5.19.6 恢复测试

(1)待自动站启动完成后,使用人工量杯量 10mm 的水,缓慢倒入到雨量桶中,通过业务软件查看监控界面实时数据,传感器是否测量为 10mm 左右。

(2)雨量数据正常,完成恢复测试。

5.20 蒸发数据异常

5.20.1 故障现象

蒸发数据异常。

5.20.2 故障分析

蒸发观测系统由超声波蒸发传感器、不锈钢测量筒、E－601B 型蒸发桶、连通管、水圈、百叶箱等配套件组成。根据超声波测距原理,蒸发传感器通过检测量筒内超声波脉冲发射和返回的时间差来计算水位变化情况并转换成电流信号输出。引起该故障的原因可能有:

(1)参数配置错误;

(2)蒸发传感器故障;

(3)蒸发电缆故障或连接不良;

(4)主采集器通道故障;

(5)连通管堵塞或连接处防水密封不严;

(6)系统接地不良或外部电磁干扰。

5.20.3 技术依据

DZZ6 自动气象站蒸发测量信号流向示意图见图 5.44。

超声波蒸发传感器的工作电压为 DC 9～15V,输出 4～20mA 电流信号对应 98.1～0mm

蒸发水位，主采集器通过 200Ω 标准电阻将电流信号转换为 DC 0.8～4V 电压信号。

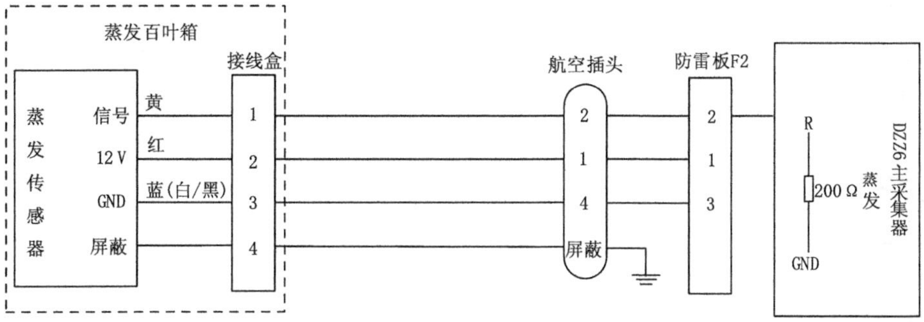

图 5.44 DZZ6 自动气象站蒸发测量信号流向示意图

5.20.4 维修流程

维修流程见图 5.45 和图 5.46。

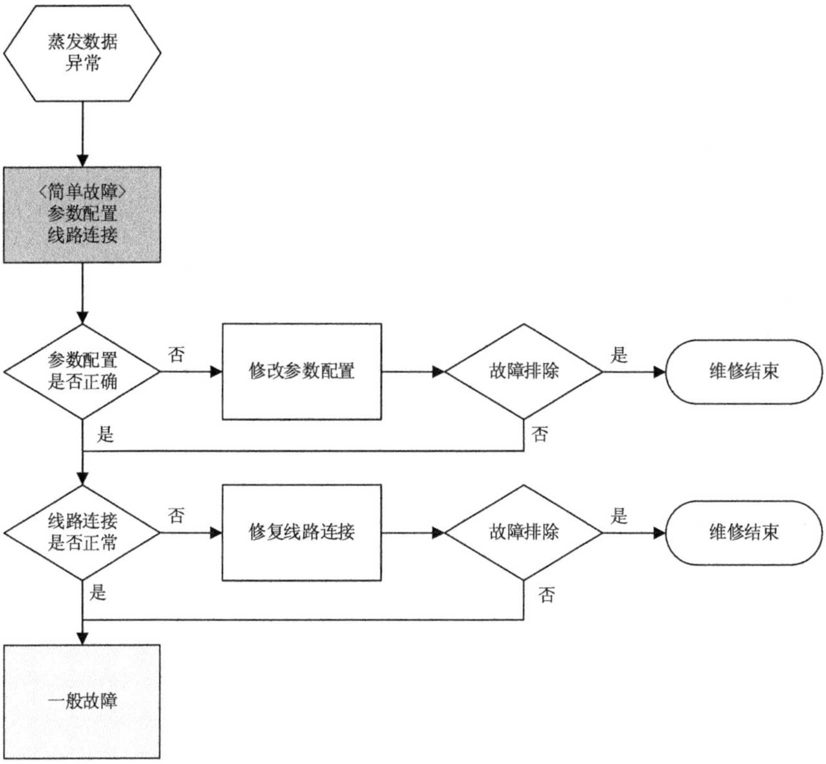

图 5.45 维修流程(一)

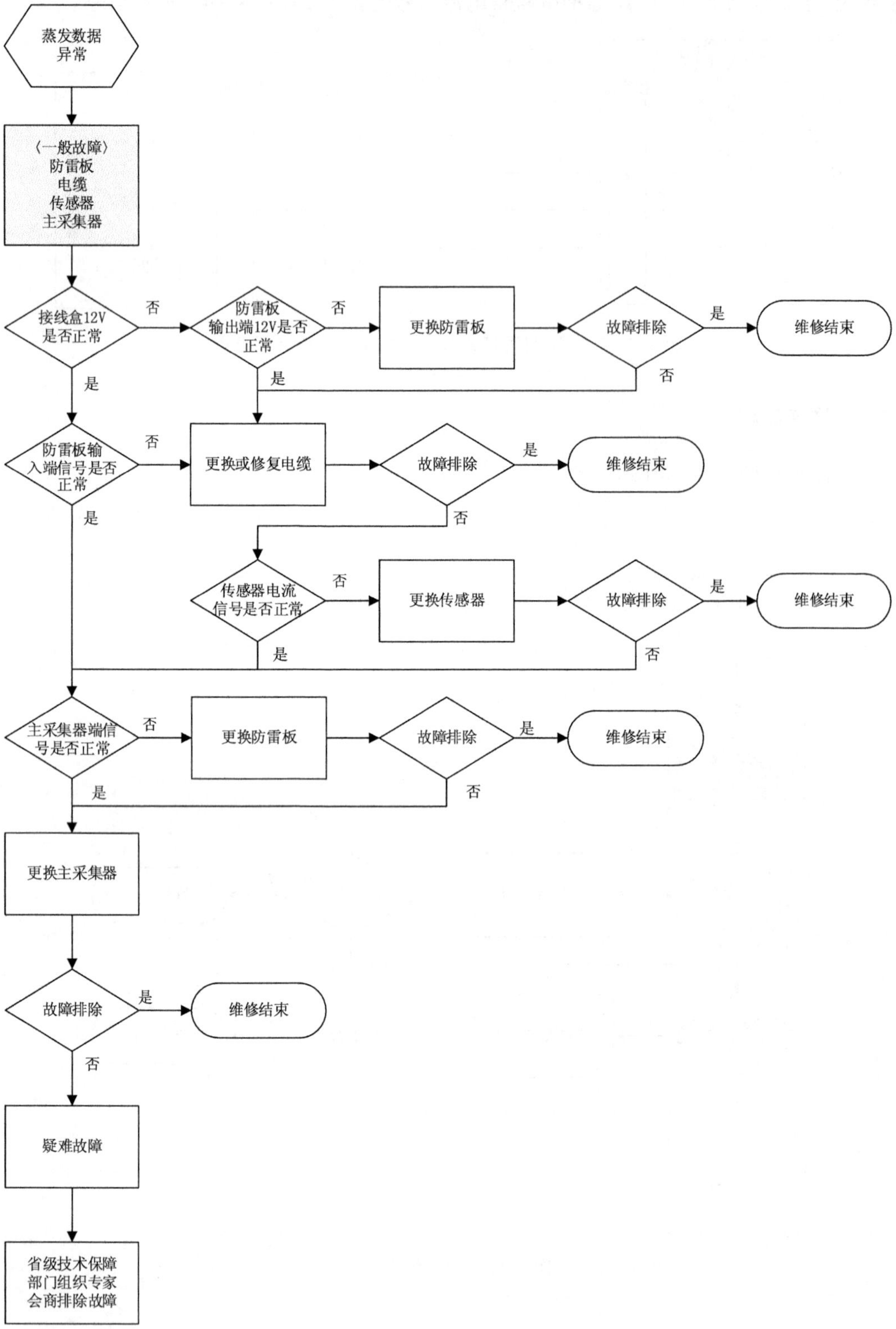

蒸发数据异常
〈一般故障〉
防雷板
电缆
传感器
主采集器
接线盒12V是否正常
否
防雷板输出端12V是否正常
否
更换防雷板
故障排除
是
维修结束
否
是
是
防雷板输入端信号是否正常
否
更换或修复电缆
故障排除
是
维修结束
否
是
传感器电流信号是否正常
否
更换传感器
故障排除
是
维修结束
是
否
主采集器端信号是否正常
否
更换防雷板
故障排除
是
维修结束
是
否
更换主采集器
故障排除
是
维修结束
否
疑难故障
省级技术保障部门组织专家会商排除故障

图 5.46 维修流程(二)

5.20.5 检测要点

检查传感器修正值是否正常。

在业务软件上检查蒸发水位的数据，如果蒸发水位长时间不变，首先确认蒸发传感器的水位是否在规定的量程范围内，超出量程就要及时加水或者取水；然后检查蒸发桶到测量筒的连通管是否有气泡、异物等，如果有则可以通过从测量筒处加水冲出杂物；检查蒸发系统特别是连接处是否有漏水、渗水现象，如果有则进行相关维护、维修。

在蒸发百叶箱内，打开蒸发接线盒，检查接线排线路连接是否正常。检查蒸发接线盒到主采集器电缆是否正常。

检查蒸发传感器的供电电压。将万用表调到 DC 20V 的测量挡，在接线排上测量“红、蓝”两端的电压，正常情况下应在 DC 10～13.8V 之间，否则说明供电存在问题。测量主采集箱防雷板(F_2)下端“1,3”蒸发供电，如果不正常，则检查防雷板(F2)线路连接，若线路连接正常则防雷板故障；如果防雷板下端“1,3”蒸发供电正常，前面已检测到接线盒供电输入电压不正常，说明蒸发电缆故障需更换。

在蒸发传感器供电正常的情况下，检查传感器的输出信号。万用表调至 200mA 电流测量挡，将红、黑表笔串联在蒸发传感器信号线“黄、蓝(白/黑)”两端，测量信号电缆上的电流，正常应为 4～20mA 且与实际水位对应，否则说明蒸发传感器故障，更换蒸发传感器。

在蒸发传感器输出信号电流正常的情况下，依次测量定位故障点：防雷板输入端蒸发信号电流不正常，则蒸发电缆故障；防雷板输出端蒸发信号电流不正常，则防雷板故障；主采集器输入端蒸发信号电流不正常，则蒸发端子与防雷板之间线路连接故障；主采集器输入端蒸发信号电流正常，则主采集器故障。

5.20.6 恢复测试

(1)待自动站启动完成后，人工加水或者减水，在业务软件中检查蒸发水位的情况，数据是否与实际一致。

(2)完成恢复测试。

5.21 单要素数据缺测故障

5.21.1 故障现象

湿度、翻斗雨量、风向、风速、蒸发单要素数据缺测。

5.21.2 故障分析

在自动气象站中，湿度、翻斗雨量、风向、风速、蒸发等传感器，硬件故障造成的数据异常，不会在业务软件中显示为缺测，数据缺测一般由软件设置等方面的原因导致。

5.21.3 维修流程

维修流程见图 5.47。

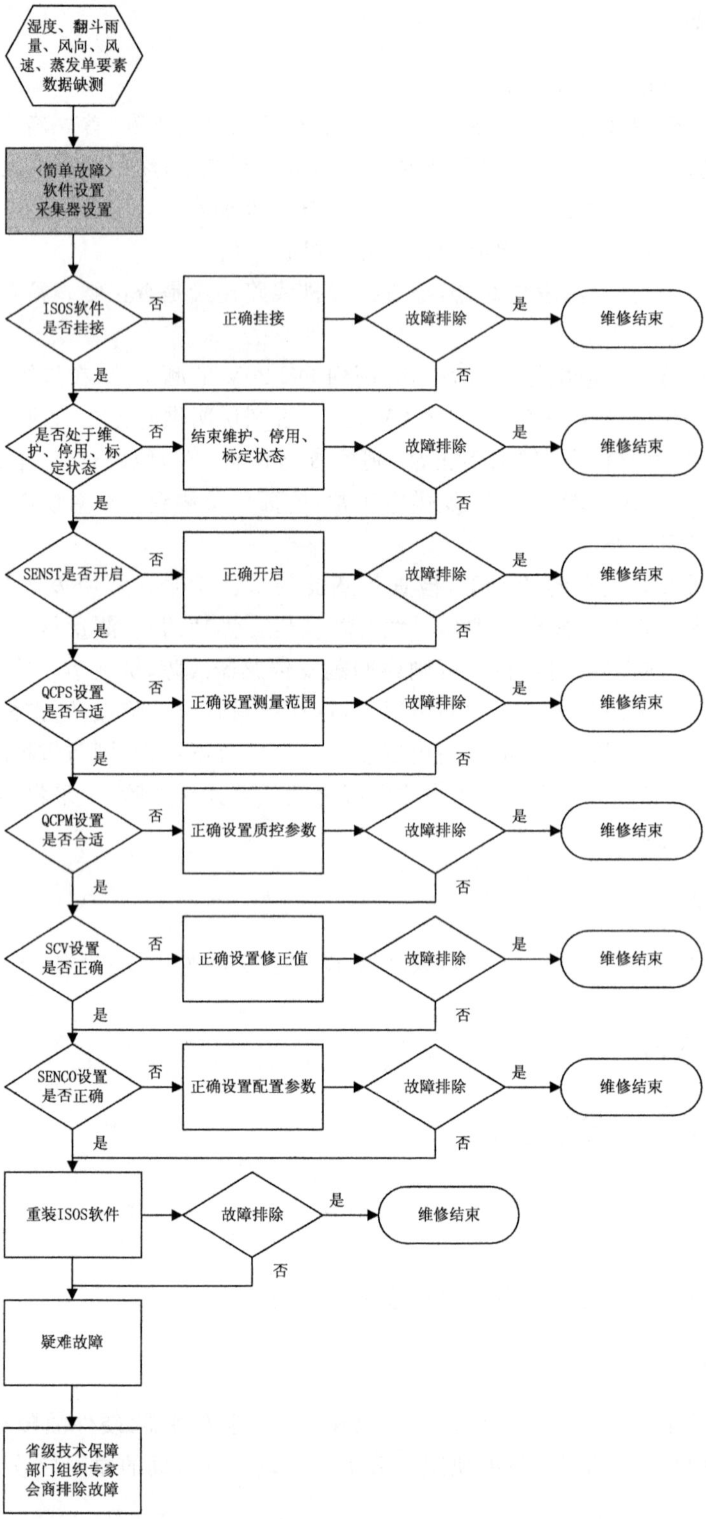
湿度、翻斗雨量、风向、风速、蒸发单要素数据缺测
〈简单故障〉
软件设置
采集器设置
ISOS软件是否挂接
否
正确挂接
故障排除
是
维修结束
是
否
是否处于维护、停用、标定状态
结束维护、停用、标定状态
SENST是否开启
正确开启
QCPS设置是否合适
正确设置测量范围
QCPM设置是否合适
正确设置质控参数
SCV设置是否正确
正确设置修正值
SENCO设置是否正确
正确设置配置参数
重装ISOS软件
疑难故障
省级技术保障部门组织专家会商排除故障

图 5.47　维修流程

5.21.4 检测要点

查看 ISOS 软件中相关传感器是否正确挂接,如未挂接应挂接。

查看 ISOS 软件中相关传感器是否处于维护、停用、标定等状态,如处于该状态,应结束相关的维护、停用、标定状态。

通过维护终端或串口助手软件发送 SENST ×××(×××为传感器标识符)命令查看相关传感器是否处于开启状态,如返回值为 0,应发送 SENST ××× 1(×××为传感器标识符)使相关传感器处于开启状态。

通过维护终端或串口助手软件发送 QCPS ×××(×××为传感器标识符)命令查看相关传感器测量范围是否正确设置,如设置不正确,应进行正确的设置。

通过维护终端或串口助手软件发送 QCPM ×××(×××为传感器标识符)命令查看相关传感器质量控制参数是否正确设置,如设置不正确,应进行正确设置。

注:业务软件显示某单要素"——"时,通过维护终端或串口助手软件发送 SENST ×××(×××为传感器标识符)命令查看相关传感器是否处于开启状态,如返回值为 0,应发送 SENST ××× 1(×××为传感器标识符)使相关传感器处于开启状态。

5.21.5 恢复测试

(1)待自动站启动完成后,通过业务软件查看监控界面实时数据,与备用站实时观测数据比较,确定相关要素实时观测数据正常。

(2)完成恢复测试。

5.22 疑难故障案例

疑难故障是指在维修过程中,按照常规的维修思路无法判断确定故障部位,通过更换相关或可疑部件无法排除的故障。单要素、多要素和全要素故障从维修难度上都可能遇到疑难故障,它们都有共同的特点:引起故障的原因不明,软件及配置参数未见异常,线路连接没有明显异常,硬件设备电气指标基本正确,怀疑的部件全部更换后故障依旧,引起疑难故障的原因可能有:

(1)主观原因:本来是简单或一般故障,但在故障排除过程中因操作不当损坏了已经检查确认正常的部位或部件,扰乱其后的分析思路。

确定故障部件后,因未意识到更换的备件本身不正常造成误判。

(2)客观原因:隐蔽部位的接触不良,特别是不经常发生的接触不良;系统接地不良;电磁干扰包括,外部空间电磁干扰,通过交流供电线路进来的电磁干扰。

5.22.1 地温定时发生跳变

(1)故障现象:某自动站每天都有几个小时所有地温数值会与实际情况偏差很多,到一个固定时间点后就恢复正常。

(2)分析及解决办法:发现此问题后,台站人员自行更换过地温分采,主采等相关设备,但是故障依然存在。因此,分析此故障产生的原因并不是设备本身造成,应该是由干扰所致。后了解到该观测场不远处就是当地电视台发射塔，每天固定时间开机关机。而且开机关机时间与地温数据错误的时间吻合，每次只要一开机，地温数据就错误，只要到晚上一关机，地温数据马上就正常。因此，分析地温数据错误就是由于电视发射塔干扰所致。

排除干扰影响的具体办法就是屏蔽及接地，只有地温数据错误，因此，重点检查该地温分采处的屏蔽及接地情况。具体措施如下：

检查地温分采集器、CAN 线及各传感器的屏蔽线是否与机箱底板接触良好。检查地温分采集器机箱内的接地线是否牢固，地温分采的机箱引下线是由螺母拧在机箱底板的螺栓上的，此处必须拧紧才能保证机箱接地良好。

重新检查、处理确保机箱引下线与地网可靠连接，所有设备的屏蔽线都是接在机箱底板上，通过机箱的引下线接在地网上。因此必须保证引下线与地网可靠连接，否则机箱内的所有屏蔽设施都不起作用。

经过以上检查处理后，地温数据错误的情况彻底解决。

5.22.2　气温不规律发生跳变

(1)故障现象：某自动站每天都有气温数据跳变，发生的时间、次数无规律，无人工干预的情况下能自动恢复正常。

(2)分析及解决办法：发现此问题后，台站人员对温湿分采、主采等设备进行了更换，但是故障依然没有解决，因此分析故障原因并不是设备本身造成，是由于干扰造成。干扰一般有两种情况，市电引起及外界的电磁干扰，这两种情况都会造成数据采集的错误，所以从这两方面检查处理。首先所有的接地线、屏蔽线都重新连接确保接触良好，但是故障依旧；然后排查交流电源，断开空气开关，用电池供电，两天内未出现该问题。由此断定，干扰是由于市电“不干净”造成，于是采用 UPS 净化电源给自动站提供 AC 220V 电源，故障排除。

5.22.3　自动站分钟数据不定期缺测

(1)故障现象：某台站通过综合硬件控制器挂接自动站，不定期出现自动站分钟数据缺测。

(2)分析及解决办法：采用串口通信方式对缺测自动站和降水现象数据进行补调，能够补收数据，检查缺测时段数据的完整和正确性，排除自动站采集问题，确认问题主要出现在通信上。

从观测场交换机接口 Ping 串口服务器 IP 地址，确认串口服务器正常。使用备份计算机从室内光纤通信盒端 Ping 串口服务器 IP 地址，确认光纤通信盒到综合硬件控制器通信正常。

使用业务计算机通过串口通信连接光纤通信盒，通信测试正常，确认 ISOS 软件设置正常。使用业务计算机通过网卡连接光纤通信盒，Ping 串口服务器无法通信，确定问题出在网络通信，考虑到业务计算机除了使用网口与串口服务器对接，还同时接入内网进行编发报传输，怀疑双网卡冲突问题。

对计算机双网卡同时通信进行测试，发现由于不同类型的网卡有兼容性问题，导致通信相互影响。重新卸载和安装网卡和驱动，对自动站和降水现象进行测试，长时间运行观测，故障不再复现，确认故障解决。

(3)小结：该故障属于偶发故障，且无法确认有哪些不同型号的网卡之间存在相互兼容性问题。

5.22.4 平均风速偏大

(1)故障现象:某台站反映安装 DZZ6 型新型站之后,经过一年的对比,发现 DZZ6 型新型站的年平均风速 2.6m/s,较之前几年偏大 1.0m/s。

(2)分析及解决办法:

通过分析该台站主站和备份台站的全年数据,确认主站的风速数据与备份站相比明显偏大。

对主站的风传感器和备份站风传感器进行对比测试,确定传感器正常。通过对主站采集器输出风速数据测试,发现风速数据偏小。检查主站采集器风传感器系数设置,发现主站风传感器系数设置不正确。分析 ISOS 软件操作日志,发现将 SMO 软件中风传感器参数误改为 DZZ4 型自动站风传感器系数。

通过重新设置采集器风传感器系数,重新对输出风速数据进行测试,确认故障排除。

(3)小结:该问题由于操作人员对 SMO 软件不熟悉,误把 DZZ6 型风传感器系数设置到 DZZ4 型自动站采集器中,导致计算出的风速偏大。

5.23 DSC3 型称重式降水传感器故障维修

详见附录 D:DSC3 型称重式降水传感器。

5.24 DPZ1 型综合集成硬件控制器故障维修

详见附录 E:DPZ1 型综合集成硬件控制器。

5.25 DNQ3 型前向散射式能见度仪故障维修

详见附录 F:DNQ3 型前向散射式能见度仪。

附录 A　硬件置换

在自动站维修过程中，对损坏部件的更换是故障排除的必要手段，科学规范的操作流程是硬件置换成功完成的重要保证。硬件置换的原则是置换部件的安装必须符合《地面观测业务规范》(中国气象局，2013 年 7 月)的要求，遵循电气安装的基本操作规范。硬件置换首先需要在系统断电状态下进行(建议避开正点时间)，其次，操作过程中不能损伤邻近部件，第三，新更换部件必须原位固定牢固，第四，线缆连接正确可靠。硬件置换主要涉及采集器、传感器、电源、通信及各种连接电缆等。

A.1　采集器

A.1.1　主采集器

DZZ6 自动气象站主采集器示意图见图 A.1。

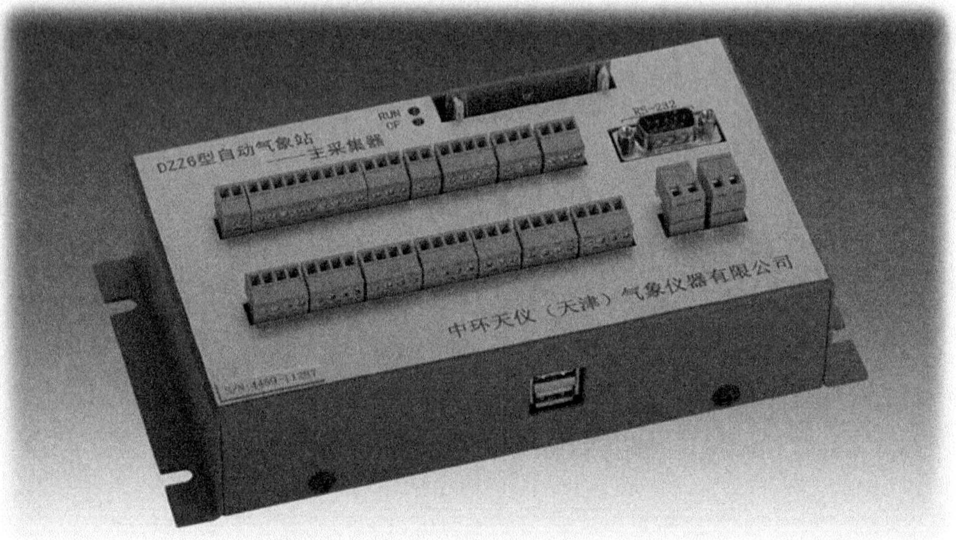

图 A.1　DZZ6 自动气象站主采集器示意图

A.1.1.1　主采集器置换流程

(1)断开刀片开关，自动站断电。

(2)将主采集器各个通道上的端子依次拔下。

(3)拆下主采集器四角的固定螺丝,将原采集器取下。

(4)换上新的主采集器并将四角的固定螺丝紧固。

(5)将接线端子按原位置插回到新更换的主采集器上。

(6)检查全部接线,确保线序正确,接触良好。

(7)闭合刀片开关,观察主采集器工作状态是否正常。

(8)完成主采集器置换。

A.1.1.2 恢复测试

(1)待主采集器指示灯秒闪正常后,通过业务软件查看监控界面实时数据,确定主采集器与计算机之间通信正常。

(2)检查主采集器参数设置是否正确。可以在维护终端中发送 AUTOCHECK 命令,检查采集器返回的日期、时间等相关参数是否都正确,如果不正确需进行修改。

(3)检查数据是否正确。通过业务软件查看监控界面实时数据,与备用站实时观测数据比较,确定全部要素实时观测数据正常。

测量数据如温度,湿度,气压等,都可以通过软件上的实时数据来检查。有些导出数据为计算值,并非实测值,由于刚更换主采集器时间间隔不够,有可能数值为缺测或者异常值,当达到计算条件后,主采集器或者软件就会计算出正确的数值。主采集器针对一些观测项目会有一些设置,例如称重、能见度、气压等。如果这些观测项数据缺测,请检查对应的参数是否设置正确。

(4)完成恢复测试。

A.1.2 温湿度分采集器

DZZ6 自动气象站温湿度分采集器示意图见图 A.2。

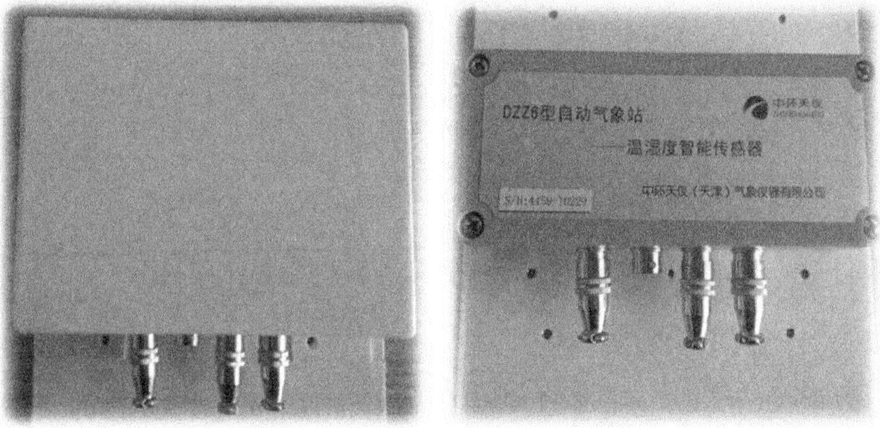

图 A.2 DZZ6 自动气象站温湿度分采集器示意图

A.1.2.1 温湿度分采集器置换流程

(1)断开刀片开关,自动站断电。

(2)将温湿度分采集器的固定板外罩拆下,旋下温湿度分采集器上的气温传感器、湿度传感器、CAN 通信等 3 个航空插头。

(3)拆下温湿度分采集器 2 个固定螺丝，将原温湿度分采集器取下。

(4)换上新的温湿度分采集器并将固定螺丝紧固。

(5)将气温传感器、湿度传感器、CAN 线的航空插头旋接在温湿度分采集器对应的插座上。

(6)将固定外罩装回。

(7)闭合刀片开关，自动站开始工作。

(8)完成温湿度分采集器置换。

A. 1. 2. 2　恢复测试

(1)待自动站启动完成后，通过业务软件查看监控界面实时数据，与备用站实时观测数据比较，确定气温、湿度实时观测数据正常。

(2)完成恢复测试。

A. 1. 3　地温分采集器

DZZ6 自动气象站地温分采集器示意图见图 A. 3。

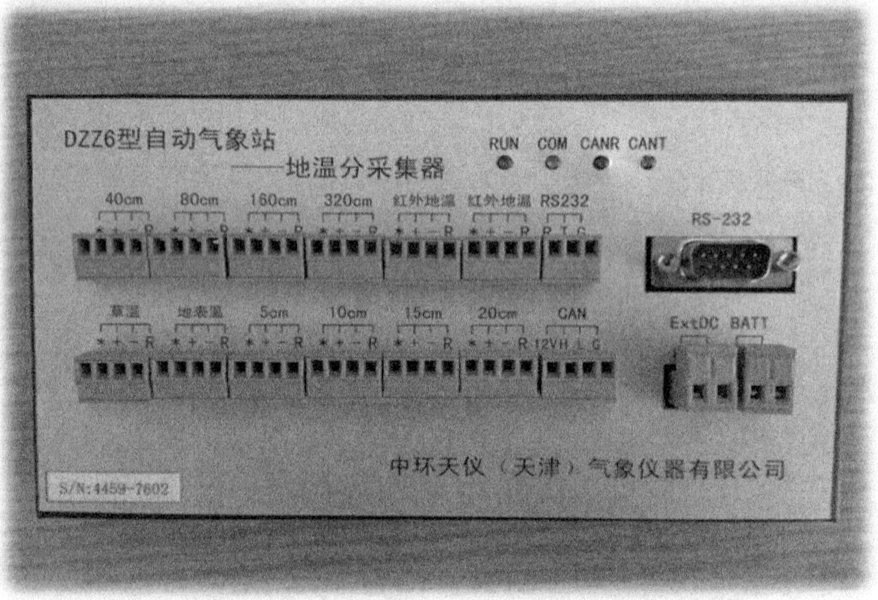

图 A. 3　DZZ6 自动气象站地温分采集器示意图

A. 1. 3. 1　地温分采集器置换流程

(1)断开刀片开关，自动站断电。

(2)将地温分采集器各个通道上的端子依次拔下。

(3)拆下地温分采集器四角的固定螺丝，将原地温分采集器取下。

(4)换上新的地温分采集器并将四角的固定螺丝紧固。

(5)将接线端子按原位置插回到新更换的地温分采集器上。

(6)检查全部接线,确保线序正确,接触良好。

(7)闭合刀片开关,自动站开始工作。观察地温分采集器指示灯运行情况,运行指示灯“RUN”秒闪,CAN 收、发指示灯“CAN－T”、“CAN－R”闪烁后表示地温分采集器连接正常,处于正常工作状态。

(8)完成地温分采集器置换。

A.1.3.2 恢复测试

(1)待自动站启动完成后,通过业务软件查看监控界面实时数据,与备用站实时观测数据比较,确定全部地温(草温)实时观测数据正常。

(2)完成恢复测试。

A.2 传感器

A.2.1 气温传感器

DZZ6 自动气象站气温传感器示意图见图 A.4。

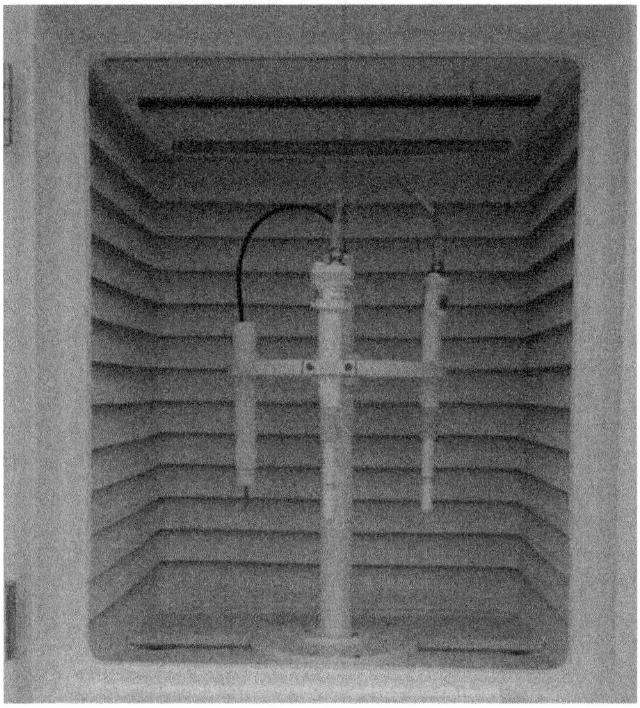

图 A.4 DZZ6 自动气象站气温传感器示意图

A.2.1.1 气温传感器置换流程

(1)断开刀片开关,自动站断电。

(2)将气温传感器电缆航空插头从温湿度分采集器上旋下。

(3)将气温传感器从温湿度支架中取下。

(4)将新的气温传感器安装到温湿度支架上,保持传感器直立,铂电阻端向下,感应器中心点距地面 1.50m 高度。将信号线扎好,做到干净整洁。

(5)将气温传感器电缆航空插头旋接到温湿度分采集器气温插座上确保接触良好。

(6)闭合刀片开关,自动站开始工作。

(7)完成气温传感器置换。

A.2.1.2　恢复测试

(1)待自动站启动完成后,通过业务软件查看监控界面实时数据,与备用站实时观测数据比较,确定气温实时观测数据正常。

(2)完成恢复测试。

A.2.2　湿度传感器

DZZ6 自动气象站湿度传感器示意图见图 A.5。

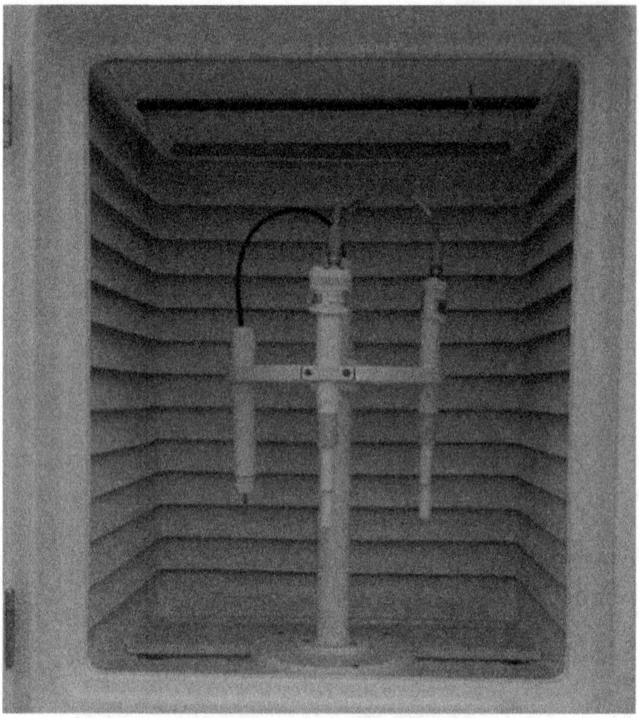

图 A.5　DZZ6 自动气象站湿度传感器示意图

A.2.2.1　湿度传感器置换流程

(1)断开刀片开关,自动站断电。

(2)旋开湿度传感器电缆航空插头,松开温湿度支架上湿度传感器固定环,将湿度传感器从温湿度支架中取下。

(3)将新的湿度传感器安装到温湿度支架上,保持传感器直立,感应端向下,感应器中心点距地面 1.50m 高度。将信号线扎好,做到干净整洁。

(4)将湿度电缆航空插头旋接到湿度传感器上,确保接触良好。

(5)闭合刀片开关,自动站开始工作。

(6)完成气温传感器置换。

A. 2. 2. 2　恢复测试

(1)待自动站启动完成后,通过业务软件查看监控界面实时数据,与备用站实时观测数据比较,确定湿度实时观测数据正常。

(2)完成恢复测试。

A. 2. 3　气压传感器

DZZ6 自动气象站气压传感器示意图见图 A. 6。

图 A. 6　DZZ6 自动气象站气压传感器示意图

A. 2. 3. 1　气压传感器置换流程

(1)自动站断电:将刀片开关断开,自动站断电。

(2)从气压传感器上拆下气压线的 DB9 头。

(3)旋下气压传感器的固定螺丝,取下气压传感器。

(4)将新的气压传感器固定在原位置。

(5)将气压传感器电缆线 DB9 头接在新的气压传感器上。

(6)闭合刀片开关,自动站开始工作。

(7)完成气压传感器置换。

A. 2. 3. 2　恢复测试

(1)待自动站启动完成后,通过业务软件查看监控界面实时数据,与备用站实时观测数据比较,确定气压实时观测数据正常。

(2)如果数据异常,检查气压传感器的通信参数,使其与主采集器通信参数一致。

(3)气压数据正确,完成恢复测试。

A. 2. 4　风向传感器

DZZ6 自动气象站风向传感器示意图见图 A. 7。

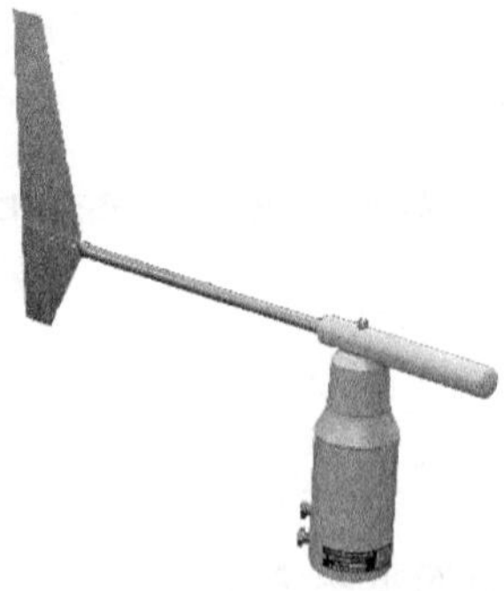

图 A.7 DZZ6 自动气象站风向传感器示意图

A.2.4.1 风向传感器置换流程

(1)断开刀片开关,自动站断电。

(2)放倒风杆或爬上风塔,松开两个固定螺丝,轻轻抽出风向传感器,将风横臂电缆航空插头从风向传感器上旋下,将风向传感器取下。

(3)换上新的风向传感器,将风横臂电缆航空插头接到风向传感器,将风向指北标记正对北面,并紧固两个固定螺丝。注意:连接时要旋转航空插头头部的紧固外圈,以防拧断航空插头内部的芯线。

(4)闭合刀片开关,自动站开始工作。

(5)如果安装在风杆上,恢复测试完成后,重新断电,竖起风杆后重新启动自动站。

(6)完成风向传感器置换。

A.2.4.2 恢复测试

(1)人工模拟几个风向角度,通过业务软件查看监控界面实时数据,与人工模拟设定的角度相符,确定风向数据正常。

(2)完成恢复测试。

A.2.5 风速传感器

DZZ6 自动气象站风速传感器示意图见图 A.8。

图 A.8 DZZ6 自动气象站风速传感器示意图

A.2.5.1　风速传感器置换流程

(1)断开刀片开关,自动站断电。

(2)放倒风杆或爬上风塔,松开两个固定螺丝,轻轻抽出风速传感器,将风横臂电缆航空插头从风速传感器上旋下,将风速传感器取下。

(3)更换上新的风速传感器,将风横臂电缆航空插头接到风速传感器,并紧固两个固定螺丝。注意:连接时要旋转航空插头头部的紧固外圈,以防拧断航空插头内部的芯线。

(4)闭合刀片开关,自动站开始工作。

(5)如果安装在风杆上,先人工转动风速传感器,验证风速数据基本正常后,重新断电,竖起风杆后重新启动自动站,再对比测试确定风速实时观测数据正常。

(6)完成风速传感器置换。

A.2.5.2　恢复测试

(1)待自动站启动完成后,通过业务软件查看监控界面实时数据,与备用站实时观测数据比较,确定风速实时观测数据正常。

(2)完成恢复测试。

A.2.6　风横臂

DZZ6 自动气象站风横臂示意图见图 A.9。

图 A.9　DZZ6 自动气象站风横臂示意图

A.2.6.1　风横臂置换流程

(1)断开刀片开关,自动站断电。

(2)放倒风杆或爬上风塔,将风向、风速传感器按流程安全取下。

(3)打开风横臂接线盒,旋松接线排下方压线螺丝,将风电缆全部芯线从压线孔中取出,记住线序,将风电缆从线孔抽出。

(4)旋开固定螺丝并将风横臂取下。

(5)更换上新的风横臂,将风电缆通过线孔穿入风横臂接线盒,按顺序将电源线、信号线及屏蔽线接入到接线排上,确保接触良好。

(6)按流程将风向、风速传感器正确安装到位。

(7)调整风横臂呈南北指向,风向位于风横臂北端,风速位于风横臂南端,并使风横臂保持水平,旋紧固定螺丝将风横臂与横臂底座固定。

(8)闭合刀片开关,自动站开始工作。如果安装在风杆上,先恢复测试风向数据、验证风速数据完成后,重新断电,竖起风杆后重新启动自动站,再对比测试确定风速实时观测数据正常。

(9)完成风横臂置换。

A. 2. 6. 2 恢复测试

(1)如果是安装在风杆上,先人工转动风速传感器,验证风速数据基本正常;人工模拟几个风向角度,通过业务软件查看监控界面实时数据,与人工模拟设定的角度相符,确定风向数据正常。然后重新断电,竖起风杆后重新启动自动站,待自动站启动完成后,通过业务软件查看监控界面实时数据,与备用站实时观测数据比较,确定风速实时观测数据正常。

(2)完成恢复测试。

A. 2. 7 雨量传感器

DZZ6 自动气象站雨量传感器示意图见图 A. 10。

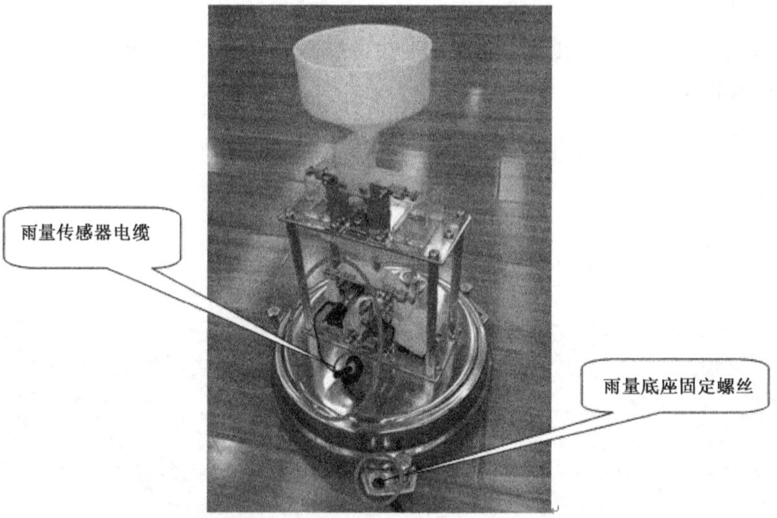

图 A. 10 DZZ6 自动气象站雨量传感器示意图

A. 2. 7. 1 雨量传感器置换流程

(1)将雨量电缆连接端子从主采集器雨量端口拔下。

(2)拧开雨量传感器外筒的 3 个螺丝,将外筒取下。注意不要用手触摸雨量筒内壁。

(3)将两根传感器信号线从雨量筒内接线柱上拧下,将屏蔽线从雨量筒上拧下。

(4)拧下雨量筒底座的 3 个固定螺丝,拆下雨量筒底座。

(5)更换上新的雨量筒底座,将信号线及屏蔽线从底座上的小孔穿过并打结,固定底座的 3 个螺丝,调节水平,拨动上下翻斗使之倾向同一方向。

(6)将信号线旋压在雨量筒的接线柱上,将屏蔽线压在雨量筒内的螺丝上。

(7)测试雨量信号,正常后将外筒扣上,调节外筒水平,拧紧外筒上的 3 个固定螺丝。

(8)将雨量电缆连接端子插入主采集器雨量端口。

A. 2. 7. 2 恢复测试

(1)更换完成后,使用人工量杯量 10mm 的水,缓慢倒入到雨量桶中,通过业务软件查看监控界面实时数据,传感器是否测量为 10mm 左右。

(2)雨量数据正常,完成恢复测试。

A.2.8　地温(草温)传感器

DZZ6 自动气象站地温(草温)传感器示意图见图 A.11。

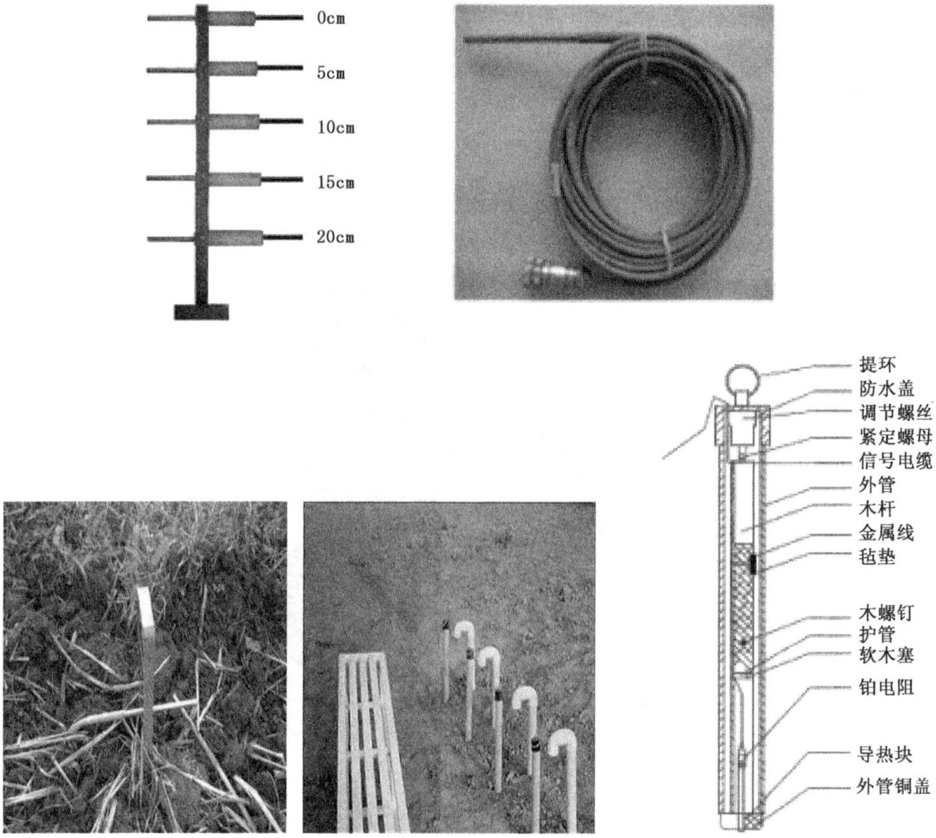

图 A.11　DZZ6 自动气象站地温(草温)传感器示意图

A.2.8.1　地温(草温)传感器置换流程

(1)断开刀片开关,自动站断电。

(2)将要更换的地温传感器航空插头从地温分采机箱上旋下。

(3)将地温传感器电缆从地沟管道抽出。

(4)将地温(草温)传感器从支架取出,换上新的地温(草温)传感器。草温传感器固定在草温支架上;浅层地温传感器通过地温支架安装在地温观测场,置换时把需更换的传感器从地温支架对应层拆卸下来,更换上相应的地温传感器即可;深层地温传感器安装在深层地温套管内,置换时把相应的地温传感器木棒从地温套管中抽出,打开金属铜盖、导热块拧松木螺丝,打开塑料护管,把地温传感器取出,更换上新的地温传感器,重新安装好,垂直插入地温套管。

(5)将地温传感器航空插头旋接到地温分采机箱相应的航空插座上,确保接触良好。

(6)闭合刀片开关,自动站开始工作。

(7)完成地温(草温)传感器置换。

A.2.8.2　恢复测试

(1)待自动站启动完成后,通过业务软件查看监控界面实时数据,与备用站实时观测数据比较,确定地温(草温)实时观测数据正常。

(2)完成恢复测试。

A.2.9　蒸发传感器

DZZ6自动气象站蒸发传感器示意图见图A.12。

图A.12　DZZ6自动气象站蒸发传感器示意图

A.2.9.1　蒸发传感器置换流程

(1)断开刀片开关,自动站断电。

(2)打开蒸发接线盒,拧下蒸发传感器的信号线及屏蔽线。

(3)松开蒸发探头的3个固定螺丝,取下蒸发传感器。

(4)将新蒸发传感器换上,调节水平后,紧固3个固定螺丝。

(5)将蒸发传感器的信号线及屏蔽线,按原顺序可靠连接。

(6)闭合刀片开关,自动站开始工作。

(7)完成蒸发传感器置换。

A.2.9.2　恢复测试

(1)人工加水或者取水,在业务软件中检查蒸发水位的情况,数据是否与实际一致。

(2)蒸发数据都正常,完成恢复测试。

A.3　电源系统

DZZ6自动气象站电源箱布局图见图A.13。电源箱内可置换部分包括空气开关、交流电防雷模块、电源转换模块、保险管、蓄电池等。

图 A. 13　DZZ6 自动气象站电源箱布局图

A. 3. 1　空气开关

DZZ6 自动气象站空气开关示意图见图 A. 14。

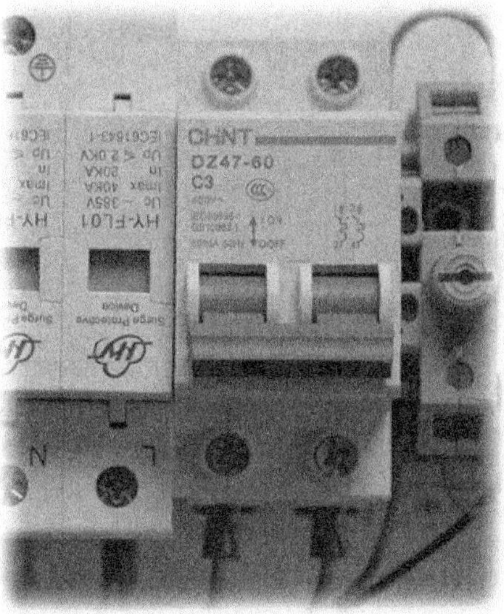

图 A. 14　DZZ6 自动气象站空气开关示意图

A. 3. 1. 1　空气开关置换流程

(1)在前级配电箱中将自动站的市电开关断开。

(2)使用万用表测量确认自动站空气开关输入端无交流电输入，将自动站空气开关断开。

(3)旋松空气开关输入、输出端压线螺丝，将交流电源线取出。

(4)拆下原空气开关：使用工具把空气开关导轨固定卡扣往下拨动，同时把空气开关往上提即可卸下空气开关。

(5)更换上新的空气开关：拨动卡扣同时向下按压即可使空气开关固定在导轨上。

(6)将交流电源输入、输出线按原顺序接入到空气开关中，并旋紧压线螺丝。

(7)在前级配电箱中将自动站的市电开关打开，用万用表测量自动站空气开关输入端电压是否正常，确认无误后闭合空气开关，测量自动站空气开关输出端电压正常，确认更换成功。

(8)完成空气开关的置换。

A. 3. 1. 2　恢复测试

(1)闭合空气开关后，检查空气开关输入、输出端市电正常。

(2)完成恢复测试。

A. 3. 2　交流防雷模块

DZZ6 自动气象站防雷模块示意图见图 A. 15。

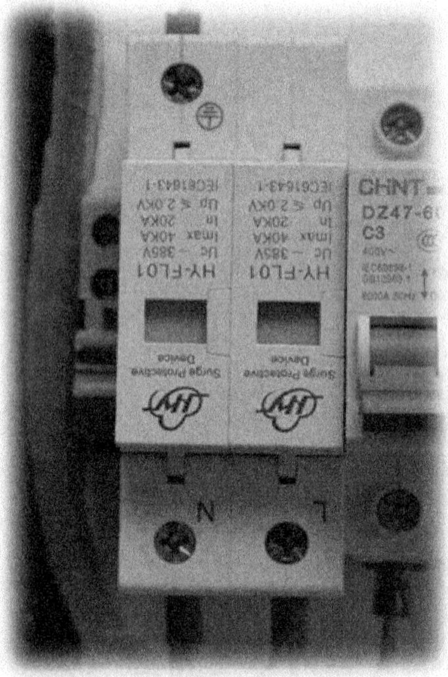

图 A. 15　DZZ6 自动气象站防雷模块示意图

A. 3. 2. 1　交流防雷模块置换流程

(1)断开自动站空气开关，用万用表测量确认交流防雷模块无交流电输入。

(2)旋松压线螺丝，取出交流电源线、接地线。

(3)拆下原交流防雷模块：使用工具向下拨动底部导轨卡扣，同时把防雷模块往上提即可从固定导轨上拆下。

(4)更换上新的交流防雷模块:把防雷模块导轨卡扣往下拨动使之卡在底板导轨上。

(5)按原位置分别接入电源线、接地线,并旋紧压线螺丝。

(6)闭合自动站空气开关,接入交流电,观察失效指示灯不亮即说明交流防雷模块工作正常。

(7)完成交流防雷模块置换。

A.3.2.2 恢复测试

(1)推上空气开关后,检查交流防雷模块市电接线端电压正常。

(2)完成恢复测试。

A.3.3 电源转换模块

DZZ6自动气象站电源转换模块示意图见图A.16。

图A.16 DZZ6自动气象站电源转换模块示意图

A.3.3.1 电源转换模块置换流程

(1)断开自动站空气开关,将刀片开关拔起,断开直流电;使用万用表测量确认电源转换模块无交流电输入。

(2)取下电源模块接线柱上的小盖板,依次旋松接线柱上的压线螺丝取下电源接线,记住线序。注意,电池的正、负接线一定要分开取下,并分别用绝缘胶布包好,避免短路发生危险。

(3)旋开电源模块四周的固定螺丝,拆下电源模块。更换新的电源模块,拧紧四周的固定螺丝。

(4)将电源线按顺序接在电源模块的接线柱上。注意,电源线接在正确的位置,不能接反,避免短路发生危险。

(5)检查电源线的位置是否正确,连接是否牢固。确认无误后闭合空气开关,闭合刀片开关,自动站开始工作。

(6)完成电源转换模块置换。

A. 3. 3. 2　恢复测试

(1)推上空气开关后,检查电源转换模块输出端为 DC 13. 8V 左右。

(2)完成恢复测试。

A. 3. 4　蓄电池

DZZ6 自动气象站蓄电池示意图见图 A. 17。

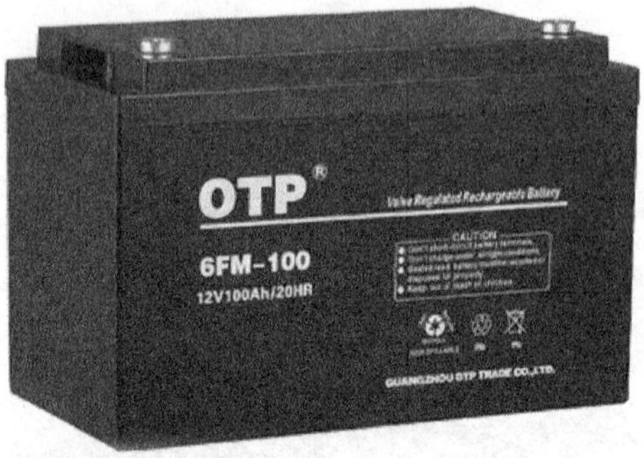

图 A. 17　DZZ6 自动气象站蓄电池示意图

A. 3. 4. 1　蓄电池置换流程

(1)断开自动站空气开关,将刀片开关拔起,断开交、直流电。

(2)旋开电池正、负极的压线螺丝,取下电源线。

(3)取下原电池换上新电池,注意在置换过程中防止电池正极碰到线缆或者机箱导致短路。

(4)连接电池电源线:注意电池极性,不要接反,否则会烧毁设备。

(5)按下刀片开关,自动站开始工作。闭合空气开关,接入交流电。

(6)完成蓄电池置换。

A. 3. 4. 2　恢复测试

(1)检查充电状态下蓄电池电压 DC 13. 8V 左右,断开交流电情况下能达到 DC 12V 左右,自动站工作正常。

(2)完成恢复测试。

A. 3. 5　保险管

DZZ6 自动气象站保险管示意图见图 A. 18。

A. 3. 5. 1　保险管置换流程

(1)将刀片开关拔起,断开直流供电。

(2)旋下保险管固定旋钮,取下原保险管。

(3)换上新保险管,旋紧固定旋钮。

(4)闭合刀片开关,恢复直流供电。

图 A.18 DZZ6 自动气象站保险管示意图

(5)完成保险管置换。

A.3.5.2 恢复测试

(1)检查供电状态下保险管输入、输出端电压相同,交流供电情况下为 DC 13.8V 左右,断开交流电情况下能达到 DC 12V 左右,自动站工作正常;

(2)完成恢复测试。

A.4 防雷板

DZZ6 自动气象站防雷板示意图见图 A.19。

图 A.19 DZZ6 自动气象站防雷板示意图

A.4.1 防雷板置换流程

(1)断开刀片开关,自动站断电。

(2)将防雷板下方的接线端子全部拔下,将防雷板上方的压线依次拆下并记住线序标签。
(3)拆下防雷板四周的固定螺丝,取下防雷板。换上新的防雷板,并将四周螺丝固定。
(4)按照信号线缆的编号,依次将信号线压接到防雷板上方压线端口中。
(5)按照接线端子上的标记,将防雷板下方的信号线依次插到防雷板下方的相应通道处。
(6)检查确认线序正确、连接可靠。按下刀片开关,整个自动站开始工作。
(7)完成防雷板的置换。

A.4.2　恢复测试

(1)断电状态下测量确认防雷板通道上下两端导通、相邻通道及对地为断路状态。
(2)待自动站启动完成后,通过业务软件查看监控界面实时数据,确定实时数据全部正常。
(3)完成恢复测试。

A.5　接线端子

自动站主采集器、分采集器大量使用接线端子连接方式。DZZ6 自动气象站接线端子示意图见图 A.20。

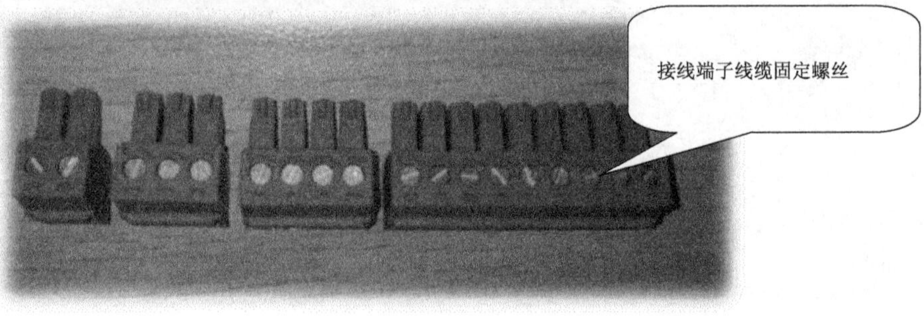

图 A.20　DZZ6 自动气象站接线端子示意图

A.5.1　接线端子置换流程

(1)拔出采集器上需要置换的接线端子。

(2)旋松接线端子上线缆的固定螺丝,取出卡在接线端子中的线缆,注意记住线序。

(3)更换新的接线端子,将线缆按原顺序插入线孔并旋紧固定螺丝。

(4)把接线端子插入采集器相应的端口。

(5)完成接线端子置换。

A.5.2　恢复测试

(1)待自动站启动完成后,通过业务软件查看监控界面实时数据,确定与端子置换相关的要素实时数据正常。

(2)完成恢复测试。

A.6　线缆(电缆、光缆)置换

(1)自动站系统设备间的连接线缆包括:主采集器直流电源电缆,主、分采集器间的 CAN 线电缆,主采集器与串口服务器间的通信电缆(光缆),采集器与传感器间的风电缆、湿度电缆、雨量电缆、蒸发电缆、称重电缆、能见度电缆等。

(2)电缆线大部分采用防水接插件连接,部分节点采用接线端子插接或接线排螺丝压线连接。光缆一般采用尾纤 ST 头插接。

自动气象站在结构设计上采用了防水接插件,将电缆插头接到机箱上时,不要误拧松了电缆的锁紧螺母,这将导致失去防水作用。可参考图 A.21,用一只手捏紧图示位置,另一只手拧指定的螺母。可以通过推、拧交替的方法来拧紧螺母。

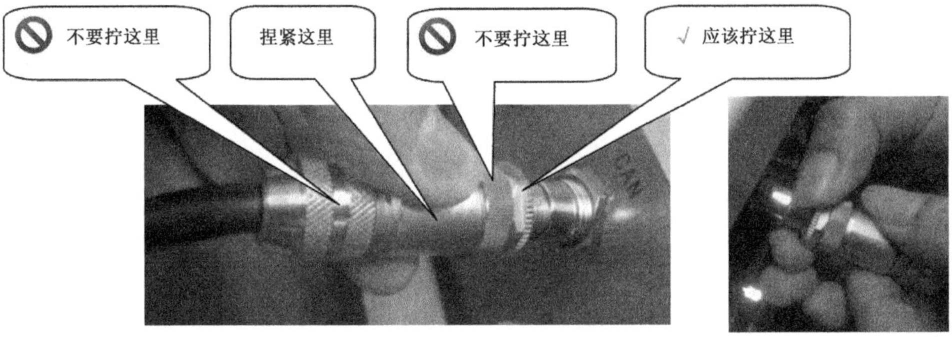

图 A.21　DZZ6 自动气象站防水接插件示意图

如图 A.22 所示,光纤连接时注意将光纤插头上的槽口对准光纤转换模块上光纤插座的定位点,轻轻用力向内顶,顶到位后,顺时针旋转 1/4 圈,即可将光纤插头锁紧。注意不要污染光纤尾纤光路截面。

(3)线缆置换注意事项

1)要安全地把原线缆从连接处取下,不要损伤连接点保留侧部件的连接性能。

2)新更换上的线缆连接要确保线序正确、连接可靠。

3)原线缆从铺设管道或线槽中取出时不要损伤其他保留线缆。

4)新更换上的线缆要按规范铺设,不要损伤线缆保护层,转弯处要保留适当弧度避免折损芯线，外露部分适当捆扎固定。

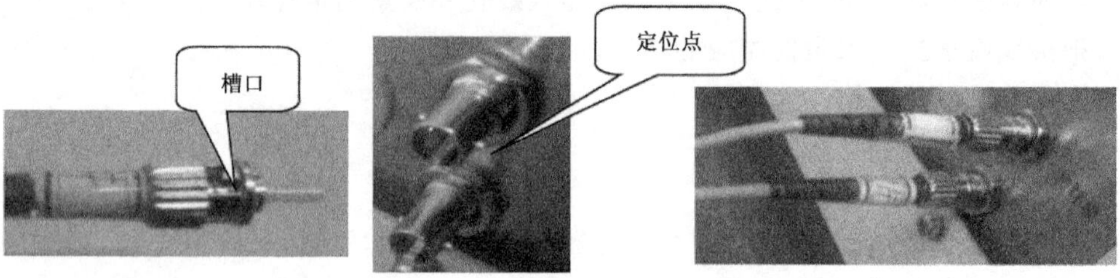

图 A. 22　DZZ6 自动气象站光纤尾纤示意图

附录 B 软件及参数配置

B.1 主采集器嵌入式软件升级

B.1.1 软件升级流程

软件升级流程见图 B.1。

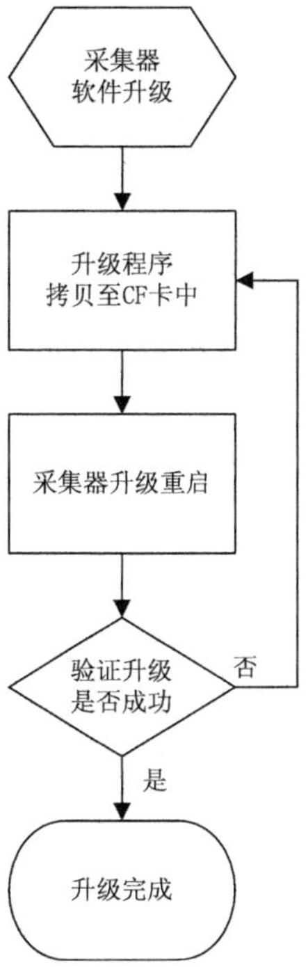

图 B.1 软件升级流程

B.1.2 软件升级操作过程

B.1.2.1 升级准备

CF 卡一张;CF 卡读卡器;采集器嵌入式软件升级包。

B.1.2.2 升级步骤

(1)采集器断电,将采集器嵌入式软件升级包复制到 CF 卡根目录,将 CF 卡重新插入采集器并上电。

(2)采集器上电后,系统会自动完成应用程序升级。

(3)检查采集器程序版本号,通过"终端"口给采集器发送命令 BASEINFO 返回格式示例如下:

BASEINFO 4

mC TYJT0001

MODEL TYJT1000

ID 201203120001

Ver V7.9

请注意:采集器程序版本可能会和本手册中所写不同,但是只要采集器总体运行正常则不必升级程序。如确有需要,可联系公司售后索取最新版本的程序。

(4)检查各传感器是否工作正常。

B.1.3 恢复测试

通过 SMO 软件的维护终端或串口助手软件发送 BASEINFO 命令,检查主采集器当前版本号与所升级的软件版本号是否一致,如不一致需重新升级。

B.2 参数配置

采集器上标识为"终端"的接口为通信口,默认串口通信参数为 9600 8 N 1,可连接业务计算机或通过综合集成硬件控制器与业务计算机连接,可以通过终端串口发送 SETCOM 命令修改串口通信参数,修改后需用新的串口通信参数重新连接。所有的设置指令、查询指令均需要通过该口发送给采集器。

B.2.1 采集器参数配置

为保证新型自动气象站采集器正确获取相关的观测要素数据,应保证传感器开启状态、分采开启状态、各个观测要素质量控制参数、维护操作状态等各参数配置正确。

B.2.1.1 传感器开启状态(SENST)

台站承担的观测任务,应在新型自动气象站采集器中配置为开启状态,可以通过 SENST 命令进行检查或配置。

各传感器标识符见表 B.1。

命令格式如下:

命令符:SENST ×××

其中,×××为传感器标识符,由 1~3 位字符组成,对应关系见表 B.1。

参数:单个传感器的开启状态。用"0"或"1"表示,"1"表示传感器开启,"0"表示传感器关闭。

表 B.1 各传感器标识符

序号	传感器名称	传感器标识符（×××）	序号	传感器名称	传感器标识符（×××）
1	气压	P	11	5cm 地温	ST1
2	百叶箱气温	T0	12	10cm 地温	ST2
3	湿球温度	TW	13	15cm 地温	ST3
4	湿敏电容传感器或露点仪	U	14	20cm 地温	ST4
5	风向	WD	15	40cm 地温	ST5
6	风速	WS	16	80cm 地温	ST6
7	降水量(翻斗式或容栅式)	RAT	17	160cm 地温	ST7
8	降水量(称重式)	RAW	18	320cm 地温	ST8
9	草面温度	TG	19	蒸发量	LE
10	地表温度	ST0	20	能见度	VI

示例：若没有或停用蒸发传感器，则键入命令为：

SENST LE 0↙

返回值：〈F〉表示设置失败，〈T〉表示设置成功。

若能见度传感器已启用，直接键入命令：

SENST VI↙

正确返回值为〈1〉。

B.2.1.2 系统中分采集器开启状态(DAUSET)

对于温湿度和地温要素除需要开启传感器外，还需要开启相应的分采集器。用指令DAUSET开启或关闭。

命令符：DAUSET ×××

其中，×××为传感器标识符，由4位字符组成，对应关系见表B.2。

表 B.2 分采集器传感器标识符

序号	分采集器类别	标识符
1	温湿分采集器	TARH
2	地温观测分采集器	EATH
3	辐射观测分采集器	RADI
4	土壤水分观测分采集器	SOIL
5	海洋观测分采集器	SEAA
6	气候观测分采集器	CLIM

参数：分采集器的配置。用“0”或“1”表示，“1”表示配置有相应分采集器，“0”表示没有配置相应分采集器。

示例：若系统配置有气候观测分采集器，则键入命令为：

DAUSET CLIM 1↙

返回值:〈F〉表示设置失败,〈T〉表示设置成功。

若系统没有配置气候观测分采集器,直接键入命令:

DAUSET CLIM ↙

正确返回值为〈0〉。

注意:当采集器程序升级时,由于各个程序版本中需要的参数数量不同,所以可能会造成升级后所有参数复位,即所有分采、传感器均处于打开状态,此时就需要没有连接的传感器和分采依次关闭。

B. 2. 1. 3　设置或读取各传感器测量范围值(QCPS)

为正确获取观测数据,相应传感器的测量范围应设置合理,可以通过 QCPS 命令进行检查或配置,命令格式如下:

命令符:QCPS ×××

其中,×××为传感器标识符,由 1～3 位字符组成,对应关系见表 B. 1。

参数:传感器测量范围下限、传感器测量范围上限、采集瞬时值允许最大变化值。各参数值按所测要素的记录单位存储。某参数无时,用"/"表示。

示例:若气温传感器测量范围下限为－90℃,上限为 90℃,采集瞬时值允许最大变化值为 2℃,则键入命令为:

QCPS T0 －90. 0 90. 0 2. 0 ↙

返回值:〈F〉表示设置失败,〈T〉表示设置成功。

若读取采集器中湿敏电容传感器的设置值,湿度传感器测量范围下限为 0,上限为 100,采集瞬时值允许最大变化值为 5,直接键入命令:

QCPS U ↙

正确返回值为〈0 100 5〉。

B. 2. 1. 4　设置或读取各要素质量控制参数(QCPM)

为正确获取观测数据,相应要素的质量控制参数应设置合理,可以通过 QCPM 命令进行检查或配置,命令格式如下:

命令符:QCPM ×××

其中,×××为要素所对应的传感器标识符,由 1～3 位字符组成,对应关系见表 B. 1。瞬时风速用 WS 表示,2 分钟风速用 WS2 表示,10 分钟风速用 WS3 表示。

参数:要素极值下限、要素极值上限、存疑的变化速率、错误的变化速率、最小应该变化的速率。各参数按所测要素的记录单位存储。某参数无时,用"/"或"－"表示。

示例:若气温极值的下限为－75℃,上限为 80℃,存疑的变化速率为 3℃,错误的变化速率 5℃,最小应该变化的速率 0. 1℃,则键入命令为:

QCPM T0 －75. 0 80. 0 3. 0 5. 0 0. 1 ↙

返回值:〈F〉表示设置失败,〈T〉表示设置成功。

若读取瞬时风速的质量控制参数,瞬时风速的下限为 0,上限为 150. 0,存疑的变化速率为 10. 0,错误的变化速率为 20. 0,最小应该变化的速率为"－",直接键入命令:

QCPM WS ↙

正确返回值为〈0 150. 0 10. 0 20. 0 －〉。

B.2.1.5 传感器配置参数(SENCO)

为正确获取观测数据,风速、翻斗雨量传感器的配置参数应设置合理,可以通过 SENCO 命令进行检查或配置,命令格式如下:

命令符:SENCO ×××

其中,×××为风速、翻斗雨量传感器的标识符,对应关系见表 B.1。

参数:三次多项式系数 a_0,a_1,a_2,a_3。系数之间用半角空格分隔。

示例:若 10m 风速与频率的关系为 $V=0.3+0.049F$,则多项式系数为 0.3,0.049,0,0,键入命令为:

SENCO WS 0.3 0.049 0 0↙

返回值:〈F〉表示设置失败,〈T〉表示设置成功。

数据采集器中的 10m 风速多项式系数为 0.3,0.049,0,0,直接键入命令:

SENCO WS↙

正确返回值为〈0.3 0.049 0 0〉。

B.2.1.6 传感器修正值(SCV)

为正确获取观测数据,相应传感器的修正值应设置合理,可以通过 SCV 命令进行检查或配置,命令格式如下:

命令符:SCV ××

其中,××为传感器标识符,对应关系见表 B.1。

参数:传感器测量修正值,格式为"上限值,修正值/上限值,修正值/…"。上限值和修正值的小数位以对应要素在《地面气象观测规范》规定为准。

示例:若百叶箱气温传感器检定的修正值如表 B.3 所示。

表 B.3 气温传感器修正值

温度范围(℃)	修正值(℃)
≤−25.0	−0.1
−24.9~−20.0	0.0
−19.9~15.0	0.1
15.1~25.0	0.0
25.1~40.0	0.1
≥40.1	0.0

则键入命令为:

SCV T0 −25.0,−0.1/−20.0,0.0/15.0,0.1/25.0,0.0/40.0,0.1/99.9,0.0/↙

返回值:〈F〉表示设置失败,〈T〉表示设置成功。

注:在最后一个上限值输入 99.9,以表示 40.1 以上的值均按 0.0 修正。

B.2.1.7 传感器维护操作状态(DEVMODE)

为正确获取观测数据,称重降水、蒸发传感器的维护操作状态应设置合理,可以通过 DEVMODE 命令进行检查或配置,命令格式如下:

命令符:DEVMODE ×××

其中，×××为称重降水、蒸发传感器的标识符，对应关系见表B.1。

参数：工作模式 恢复时间。参数之间用半角空格分隔。工作模式："0"表示正常工作，"2"表示维护状态。恢复时间表示从维护状态自动回到正常工作模式的时间，单位为分钟，只用于工作模式"2"。

参数不保存，采集器重新上电后自动进入工作模式。

示例：若需对称重降水传感器维护30分钟，则键入命令为：

DEVMODE RAW 2 30 ↙

返回值：〈F〉表示设置失败，〈T〉表示设置成功。

若称重降水传感器维护完成，则键入如下命令立即恢复正常工作模式：

DEVMODE RAW 0 ↙

返回值：〈F〉表示设置失败，〈T〉表示设置成功。

数据采集器中已设置蒸发传感器在维护状态，维护时间为25分钟，且维护过程已进行了10分钟，直接键入命令：

DEVMODE LE ↙

正确返回值为〈2 15〉，表示维护时间还余15分钟。

B.2.1.8　RS485口接入设置(RS485SENSORTYPE)

RS485为智能传感器接入口，可以接入多种传感器，通过指令设置接入采集器的传感器类型

命令符：RS485SENSORTYPE

参数：(1)超声风；(2)称重降水；(3)FT742数字风传感器。默认(2)。RS485口接入配置参数见表B.4。

示例：若设置采集器RS485接口接入超声风，则键入命令为：

RS485SENSORTYPE 1 ↙

返回值：〈F〉表示设置失败，〈T〉表示设置成功。

若读取采集器的RS485接口接入传感器类型，直接键入命令：

RS485SENSORTYPE ↙

正确返回值为1。

注：在使用FT742数字风传感器时，在接入采集器前，需手动发送命令给FT742传感器，调整其为1秒主动上报的模式。

表B.4　RS485口接入配置参数

传感器类型	参数值	通信参数
超声风	1	9600 N 8 1
称重降水	2	9600 N 8 1
FT742数字风传感器	3	9600 N 8 1

B.2.1.9　GPS口接入配置(GPSSENSORTYPE)

GPS口可以实现GPS、称重降水和陀螺仪的接入，默认设置接入GPS。

命令符：GPSSENSORTYPE

参数:(1)GPS 接入;(2)称重降水;(3)HEC365 陀螺仪。默认(1)

示例:若设置 GPS 接口接入称重降水,则键入命令为:

GPSSENSORTYPE 2 ↙

返回值:〈F〉表示设置失败,〈T〉表示设置成功。

若读取采集器的能见度传感器类型,直接键入命令:

GPSSENSORTYPE ↙

正确返回值为 2。

注:修改此参数后,必须重新启动采集器才能使参数生效!

B. 2. 1. 10　能见度口接入配置(VISIBLESENSORTYPE)

能见度口用于能见度传感器的接入,可以通过指令设置接入多种能见度传感器和智能传感器。默认设置为接入 DNQ3,波特率 600 O 7 1。

命令符:VISIBLESENSORTYPE

能见度口接入配置参数见表 B. 5。

表 B. 5　能见度口接入配置参数

传感器类型	参数值	通信参数
DNQ2 类型能见度	1	1200 N 8 1
CJY－2C 或 CJY－1G(J)或 DNQ3 能见度仪	2	600 O 7 1
CJY－2CT 天气现象传感器	3	1200 N 8 1
称重降水	4	9600 N 8 1
DNQ2－LD 蓝盾能见度	5	9600 N 8 1
HY－V35 能见度	6	9600 E 7 1

示例:若设置采集器能见度传感器接 DNQ2 类型能见度,则键入命令为:

VISIBLESENSORTYPE 1 ↙

返回值:〈F〉表示设置失败,〈T〉表示设置成功。

若读取采集器的能见度传感器类型,直接键入命令:

VISIBLESENSORTYPE ↙

正确返回值为 1。

注:修改此参数后,必须重新启动采集器才能使参数生效!

B. 2. 1. 11　气压口接入配置(PRESSURESENSORTYPE)

气压串口用于气压传感器的接入,通过指令配置设置不同的气压传感器接入。默认接入 PTB220/330 气压传感器。

命令符:PRESSURESENSORTYPE

气压口接入配置参数见表 B. 6。

表 B. 6　气压口接入配置参数

传感器类型	参数值	通信参数
PTB220/330 气压传感器	1	2400 N 8 1
GQY－2D 振筒气压传感器	2	9600 N 8 1
PTB210 气压传感器	3	2400 N 8 1

示例:若设置采集器气压传感器接 PTB330 气压传感器,则键入命令为:

PRESSURESENSORTYPE 1 ↙

返回值:〈F〉表示设置失败,〈T〉表示设置成功。

若读取采集器的气压传感器类型,直接键入命令:

PRESSURESENSORTYPE ↙

正确返回值为 1。

注:修改此参数后,必须重新启动采集器才能使参数生效!

B.2.1.12　气压传感器配置

需要使用的软件为串口调试助手,工具串口通信线,小一字改锥。

表 B.7 为各气压传感器连接各采集器时需要设置的波特率,1 秒输出一个数据(PTB220 与 PTB330 相同)。

表 B.7　需设置的波特率

	DZZ6	TYQ200	农田
PTB220&PTB330	2400 N 8 1	9600 N 8 1	9600 N 8 1
PTB210	2400 N 8 1	9600 E 7 1	9600 N 8 1

(1)PTB220&PTB330

1)接线

PTB220 接口为 DB9 孔插头,用 5 芯电缆,一端焊接 DB9 针插头,另一端拨线,穿线号,压端子。将传感器的 R 接通信线的 T,传感器的 T 接通信线的 R,两个地线接在一起,电源正、地分别接市电电源正负(表 B.8)。将串口通信线另一端与电脑串口连接,确定对应的串口,打开串口调试助手,选择对应的串口号。

表 B.8　管脚定义

针脚	2	3	5	7	9
定义	TX	RX	RS232 地	电源地	电源(10～30VDC)

2)PTB220 出厂默认波特率(表 B.9)

表 B.9　出厂默认波特率

波特率	校验位	数据位	停止位	模式
9600	偶校验	7	1	全双工

3)假设需要连接到 DZZ6 采集器,需设置的波特率见表 B.10。

表 B.10　需设置的波特率

波特率	校验位	数据位	停止位	模式
2400	无	8	1	全双工

4)设置的流程如下:

查询串口参数:

>SERI

9600 E 7 1

设置串口参数：

>SERI 2400 N 8 1

2400 N 8 1

查询数据输出间隔：

>INTV

Output intrv. ：0 s

设置数据输出间隔(1 秒)：

>INTV 1 S

Output intrv. ：1 s

设置单位格式

>UNIT P hPa

设置输出格式(PTB330)

>form P U ＃r ＃n

设置工作模式(出厂默认 STOP 模式，需设置成 RUN 模式)：

>SMODE RUN

Serial mode ：RUN

重新上电，串口调试助手即可输出类似下面的数据：

1024.49 hPa

1024.50 hPa

1024.52 hPa

1024.53 hPa

1024.51 hPa

1024.51 hPa

1024.49 hPa

输入 s↙停止输出(或重新上电立即输入 s↙停止输出)，进入设置模式。

(2)PTB210

1)接线

粉色——电源正；蓝色——电源负；灰色——RX；绿色——TX。

将传感器的 R 接通信线的 T，传感器的 T 接通信线的 R，两个地线接在一起，电源正、负分别接市电电源正负。将串口通信线另一端与电脑串口连接，确定对应的串口，打开串口调试助手，选择对应的串口号。

2)出厂默认波特率 9600 E 7 1(因此在 TYQ200 中用到 210 气压传感器时不需要再设置波特率)

3)设置波特率命令

.BAUD. ××××

例：设置波特率 2400，则输入

.BAUD. 2400<CR>发送，

再输入 .RESET（初始化传感器）

4)设置输出参数命令

.N81 或 .E71 或 .O71

例:设置参数 N 8 1,则输入

.N81<CR>发送,

再输入 .RESET（初始化传感器）

5)设置数据单位

.FORM.1(单位为.hPa)

例:传感器输出数据类似“1020.1”,要让数据带上单位则输入

.FORM.1↙发送,

再输入 .RESET（初始化传感器）

注意:在每次设置完成后需要再次输入 .RESET 初始化传感器,断电重启后将按照修改后的参数运行。

输入 .BP 输出数据 且有单位则设置完成。

B.2.1.13 系统重启命令(REBOOT)

命令符:REBOOT

参数:无

示例:若重启系统,则键入命令为:

REBOOT↙

返回值:System Reboot... ↙

B.2.1.14 其他常用指令

读取数据采集器的基本信息 BASEINFO

数据采集器自检 AUTOCHECK

设置或读取数据采集器日期 DATE

设置或读取数据采集器时间 TIME

设置或读取气象观测站的区站号 ID

设置或读取传感器测量修正值 SCV

读取数据采集器机箱温度 MACT

读取数据采集器电源电压 PSS

设置或读取各传感器状态 SENST

读取数据采集器实时状态信息 RSTA

设置或读取风速传感器的配置参数 SENCO

设置或读翻斗雨量传感器的配置参数 SENCO

维护操作命令 DEVMODE

GPS 模块配置 GPSSET

CF 卡模块配置 CFSET

读取主采集器工作状态 STATMAIN

读取温湿观测分采集器工作状态 STATTARH

读取地温观测分采集器工作状态 STATEATH
读取传感器工作状态 STATSENSOR
读取自动气象站所有状态信息 STAT
帮助命令 HELP
设置或读取各传感器测量范围值 QCPS
设置或读取各要素质量控制参数 QCPM
下载分钟常规观测数据 DMGD
下载小时常规观测数据 DHGD
读取采样数据 SAMPLE

B.2.2 ISOS 软件配置

为保证 ISOS 软件中的采集软件(SMO)获取新型自动气象站的数据,应保证观测项目挂接、通信参数、标定、停用、维护状态设置正确。

B.2.2.1 观测项目挂接

在参数设置→观测项目挂接设置中,正确挂接新型自动站和相关的观测要素传感器(图 B.2)。

图 B.2 ISOS 软件观测项目挂接示意图

B.2.2.2 通信参数

在 SMO 主界面左侧的观测项目树列表中,在新型自动站右键单击,选择通信参数,选择与新型自动站接入计算机一致的通信串口,并保证波特率为 9600,校验位为无,数据位为 8,停止位为 1 位(图 B.3)。

完成本项设置后,可以在设备管理→维护终端中,选择端口为新型自动站串口处理,在命令行中输入 BASEINFO,并点击发送命令,查看是否正常返回 DZZ6 新型自动气象站采集器的基本信息,来确定是否与新型自动气象站正常通信。

B. 2. 2. 3　标定、维护、停用状态

在 SMO 主界面左侧的观测项目树列表中展开所有分支，每项观测要素均应根据台站观测任务处于正确的状态下，启用的观测要素左侧应为绿色“√”，处于标定、维护、停用状态的观测要素左侧应为红色“×”(图 B. 4)。

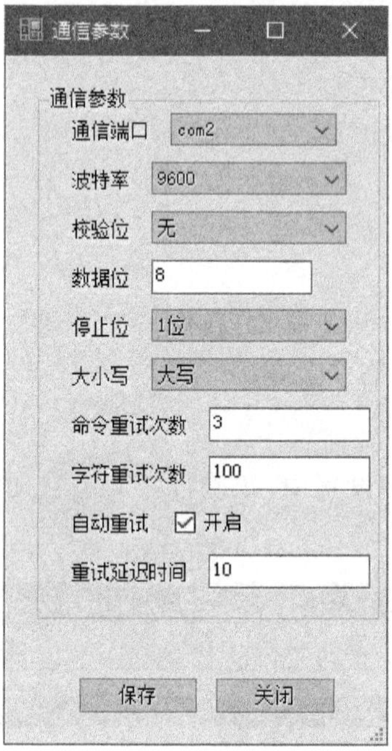

图 B. 3　ISOS 软件通信参数示意图

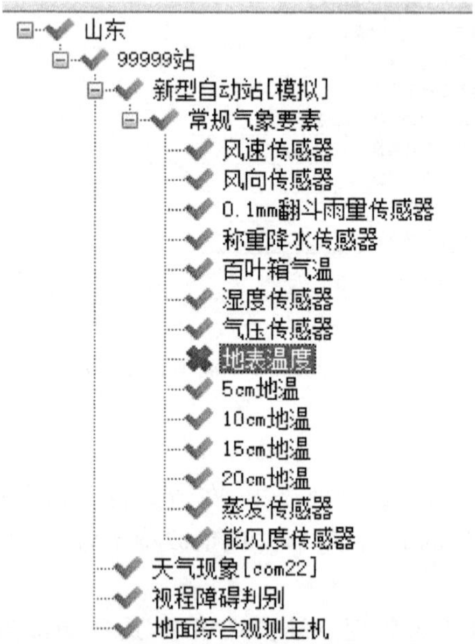

图 B. 4　ISOS 软件传感器状态示意图

附录 C 附图

C. 1 硬件结构图

C. 1. 1 电源系统结构图

电源系统结构图见图 C. 1。

图 C. 1 电源系统结构图

C. 1. 2 主采集箱结构图

主采集箱结构图见图 C. 2。

C. 1. 3 主采集器面板接口布局图

主采集器面板接口布局图见图 C. 3。

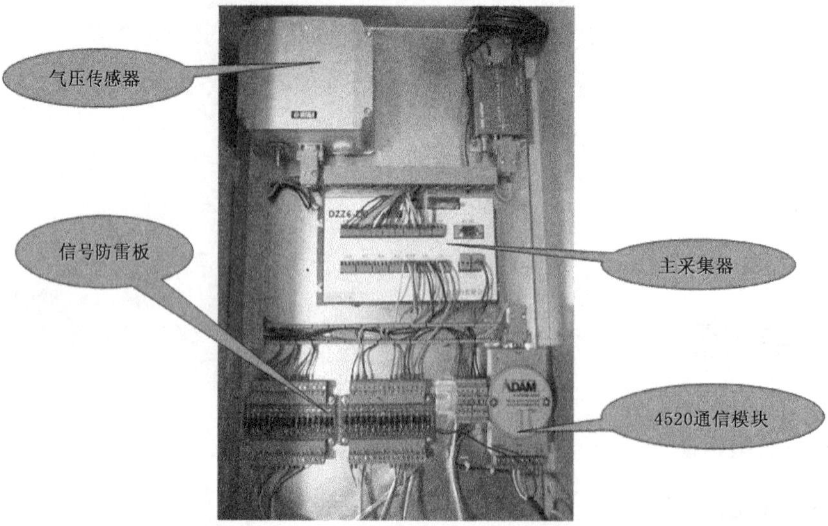

图 C.2　主采集箱结构图

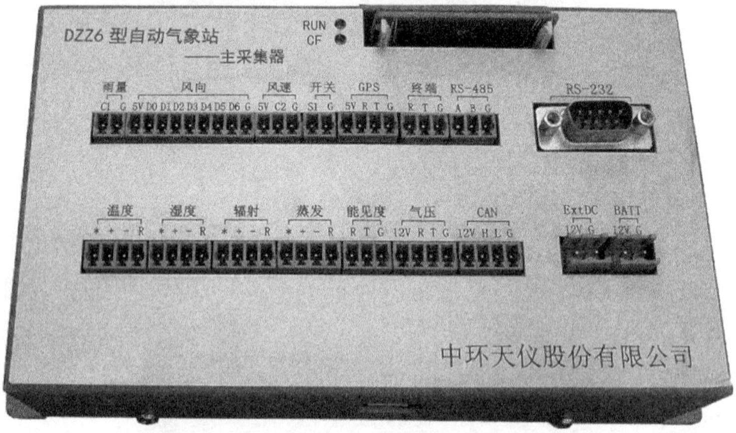

图 C.3　主采集器面板接口布局图

C.1.4　主采集箱底部接口布局图

主采集箱底部接口布局图见图 C.4。

C.1.5　温湿分采集器接口布局图

温湿分采集器接口布局图见图 C.5。

C.1.6　地温分采集器面板接口布局图

地温分采集器面板接口布局图见图 C.6。

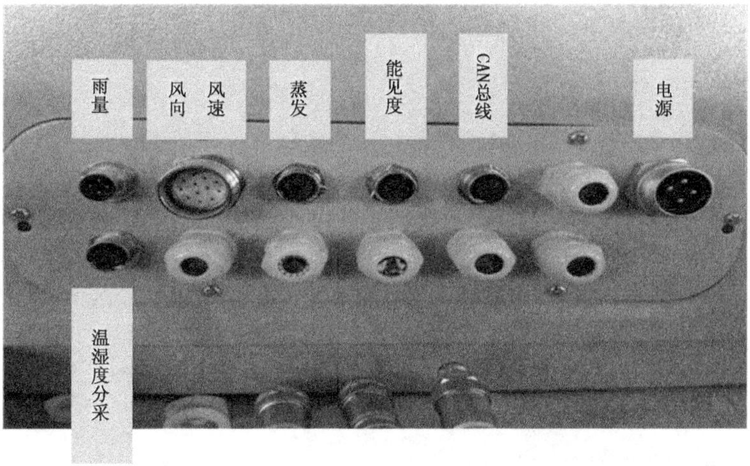

图 C.4 主采集箱底部接口布局图

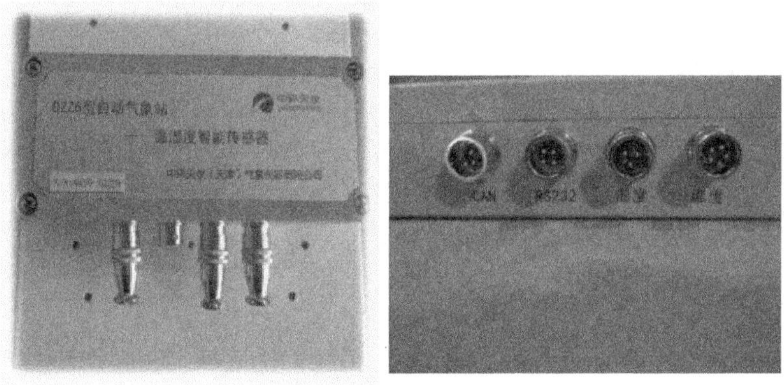

图 C.5 温湿分采集器接口布局图

图 C.6 地温分采集器面板接口布局图

C.1.7　地温分采集箱底部接口布局图

地温分采集箱底部接口布局图见图 C.7。

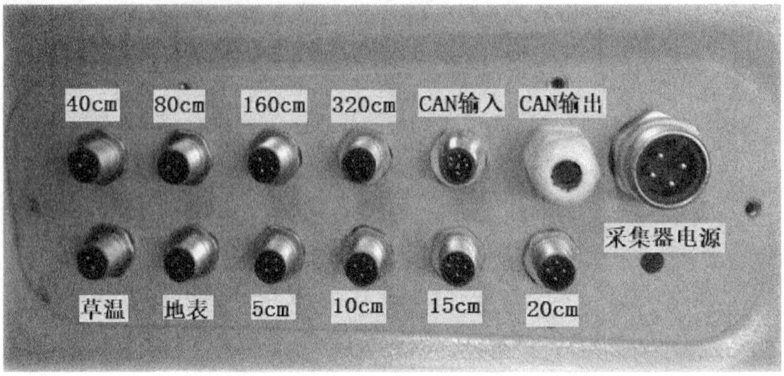

图 C.7　地温分采集箱底部接口布局图

C.2　电气连接图

C.2.1　主电源箱电气连接图

主电源箱电气连接图见图 C.8。

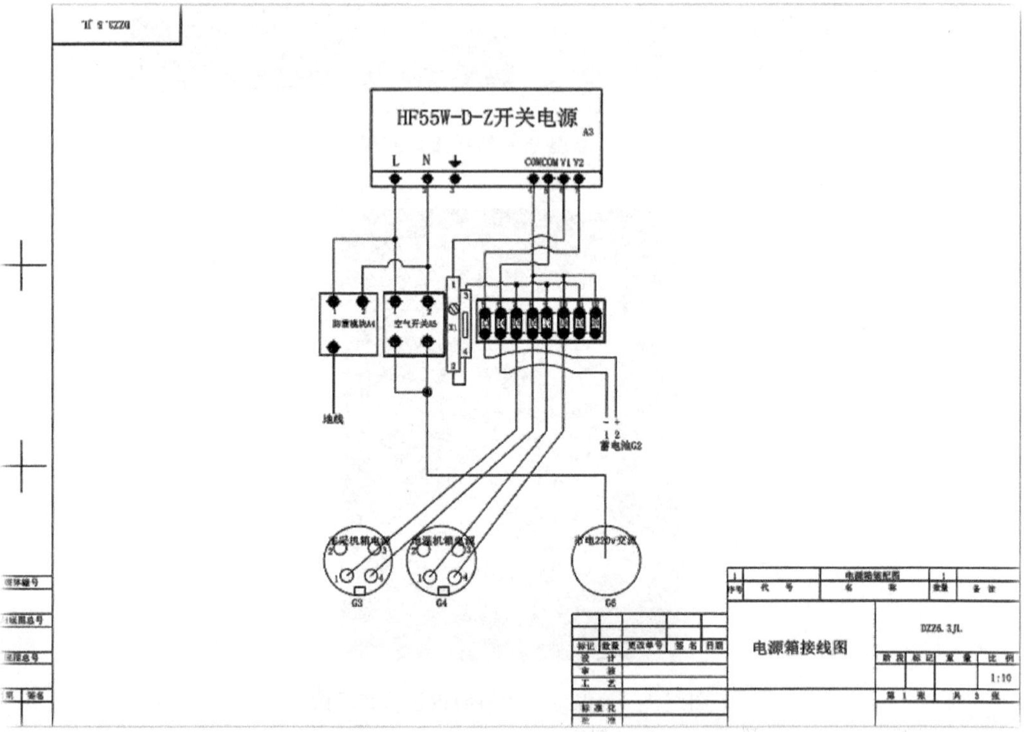

图 C.8　主电源箱电气连接图

C.2.2 主采集箱电气连接图

主采集箱电气连接图见图 C.9。

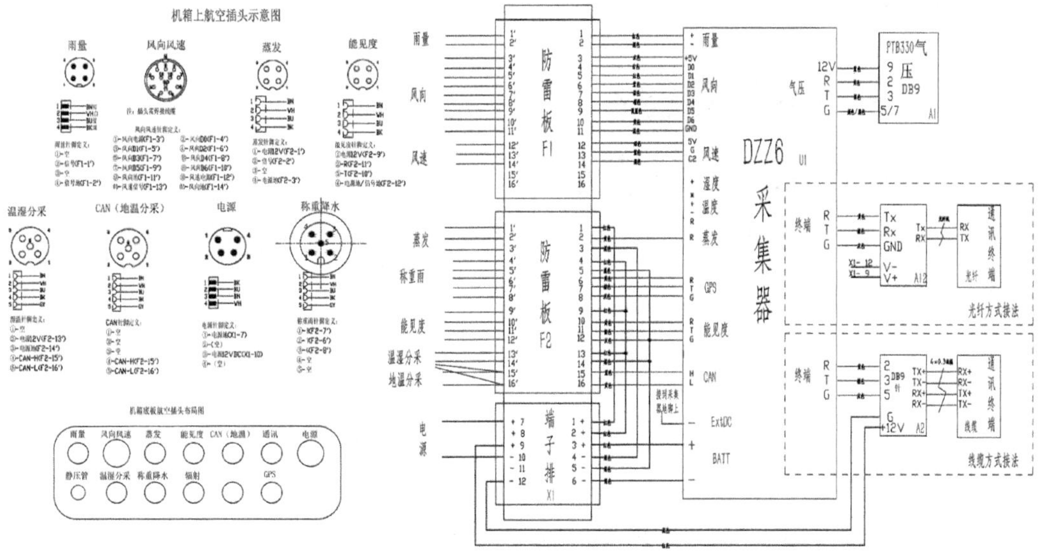

图 C.9 主采集箱电气连接图

C.2.3 温湿分采电气连接图

温湿分采电气连接图见图 C.10。

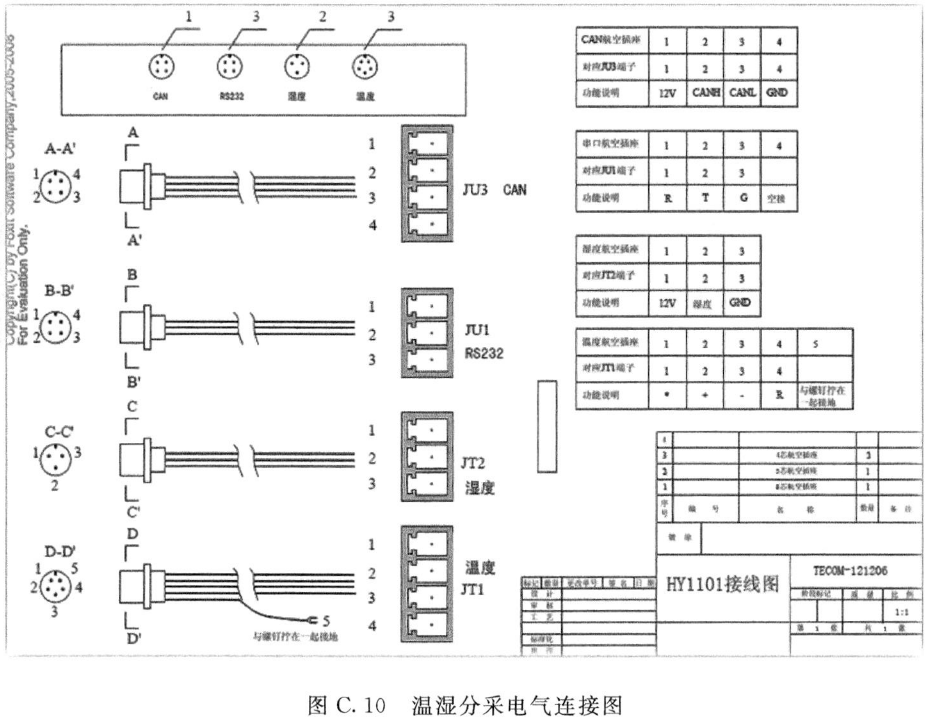

图 C.10 温湿分采电气连接图

C. 2. 4　温湿分采电气连接图

温湿分采电气连接图见图 C. 11。

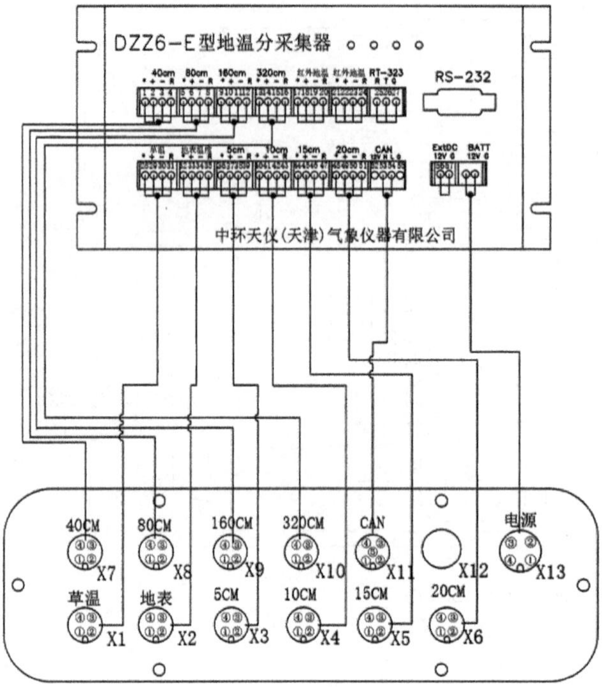

地温分采机箱插头接线表																			
航插	针脚	线色	采集器	端口	航插	针脚	线色	采集器	端口	航插	针脚	线色	采集器	端口	航插	针脚	线色	采集器	端口
X1	1	棕	草温	*	X4	1	棕	10CM	*	X7	1	棕	40CM	*	X10	1	棕	320CM	*
	2	白		+		2	白		+		2	白		+		2	白		+
	3	蓝		-		3	蓝		-		3	蓝		-		3	蓝		-
	4	黑		R		4	黑		R		4	黑		R		4	黑		R
X2	1	棕	地表温	*	X5	1	棕	15CM	*	X8	1	棕	80CM	*	X11	4	黑	CAN	H
	2	白		+		2	白		+		2	白		+		5	灰		L
	3	蓝		-		3	蓝		-		3	蓝		-	X13	1	黑	BATT	G
	4	黑		R		4	黑		R		4	黑		R		3	棕		12V
X3	1	棕	5CM	*	X6	1	棕	20CM	*	X9	1	棕	160CM	*					
	2	白		+		2	白		+		2	白		+					
	3	蓝		-		3	蓝		-		3	蓝		-					
	4	黑		R		4	黑		R		4	黑		R					

图 C. 11　温湿分采电气连接图

附录 D DSC3 型称重式降水传感器

D.1 设备概况

D.1.1 概述

DSC3 型称重式降水传感器是实现降水自动化观测的智能传感器，该仪器既可以作为单独的传感器，以输出脉冲信号形式无缝挂接在现有自动气象站上，同时又输出 RS232/485 数字信号，可以同其他数字或总线系统及终端组网使用。该仪器实现了观测资料连续化，减少台站观测人员的工作量，进一步提高观测质量和观测效率，能够为专业部门和公众提供更多有价值的气象信息和观测产品。

DSC3 型称重式降水传感器可用于装备地面气象观测网，承担降水量观测任务的自动化气象观测设备。该仪器具有较高运行可靠性，能达到当前先进的固体降水自动化观测水平，为冬季降水量预报和服务提供高质量的观测资料。

D.1.2 设备外观及结构

DSC3 型称重式降水传感器整体外观图见图 D.1。

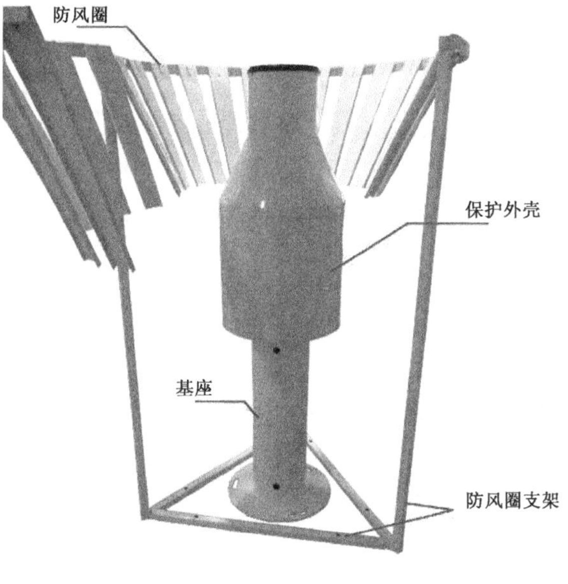

图 D.1 DSC3 型称重式降水传感器整体外观图

DSC3 型称重式降水传感器内部实物图及各部件名称如图 D. 2 所示。

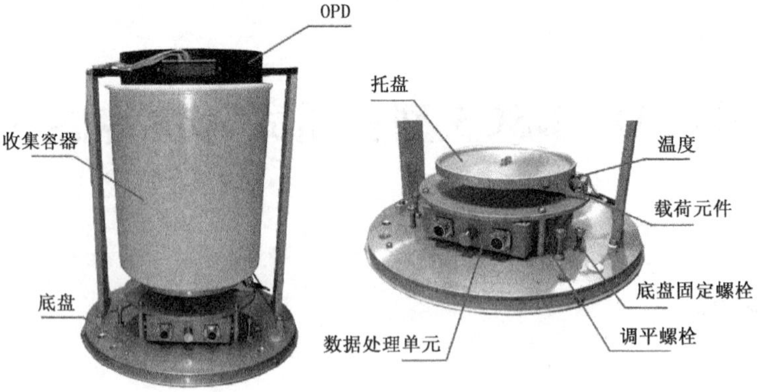

图 D. 2　DSC3 型称重式降水传感器内部实物图

D. 1. 3　组成部分功能介绍

D. 1. 3. 1　系统结构

DSC3 型称重式降水传感器是由载荷元件、数据处理单元、OPD 和外围组件组成，其结构框图如图 D. 3 所示。

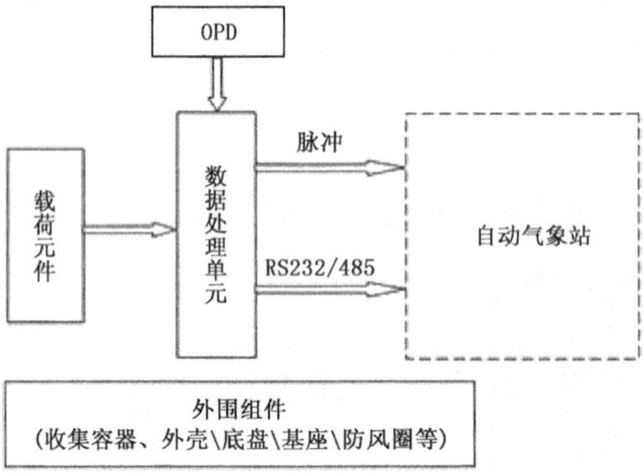

图 D. 3　DSC3 型称重式降水传感器结构框图

D. 1. 3. 2　载荷元件

载荷元件是 DSC3 型称重式降水传感器的核心元件，通过对重量变化的快速响应测量降水。

载荷元件基于电阻应变技术：敏感梁在外力作用下产生弹性变形，使粘贴在它表面的电阻应变片也随同产生变形，电阻应变片变形后，它的阻值将发生变化，再经相应的测量电路把这一电阻变化转换为电信号，进而得到重量。图 D. 4 所示为其实物图。

D. 1. 3. 3　数据处理单元

数据处理单元由中央处理器、时钟电路、数据存储器、接口、控制电路等部分构成，固定在

图 D.4 载荷元件实物图

底盘上的导轨中。其主要功能是将载荷元件测得的收集容器中降水重量的电信号数值传到运算器中,运算器经过计算转化成以毫米单位的降水。再通过存储的校准常数、温度系数等一些参数计算出雨量值。并实现质量控制、记录存储,实现数据通信和传输。处理单元具有数据存储功能,数据存储使用堆栈式存储器结构。存储的数据量不少于 30 天。

处理单元既满足现行气象观测业务要求,能够输出脉冲量,接入现有自动气象站;又符合智能气象传感器的发展趋势,能够输出数字信号,接入新型自动气象站。因此,DSC3 型称重式降水传感器同时具有 RS232 和 RS485 通信接口和脉冲输出接口(1 个脉冲相当于 0.1mm)。

D.1.3.4 降水发生探测器(OPD)

OPD(图 D.5)与 DSC3 型称重式降水传感器接口连接,OPD 被支架架在收集容器的上端,与收集容器桶口保持合理的无接触。当收集容器需要清理时,OPD 与支架一端有轴向旋转设计,只需将 OPD 的另一端两个螺丝卸下,就可以抬起 OPD,取出收集容器。

OPD 利用红外线光束探测,在 OPD 圈相对的两端,一端为接收端,另一端为发射端,其一端的两个遮阳管中间有一个发光二极管的为发射端(图 D.5)。OPD 探测通过红外线光束的颗粒,当有颗粒连续通过红外线光束并通过智能识别与判断后,OPD 判断是否有降水发生,在 OPD 判断有降水发生的过程中,DSC3 型称重式降水传感器测量的重量通过脉冲或 RS232/485 方式输出降水量。

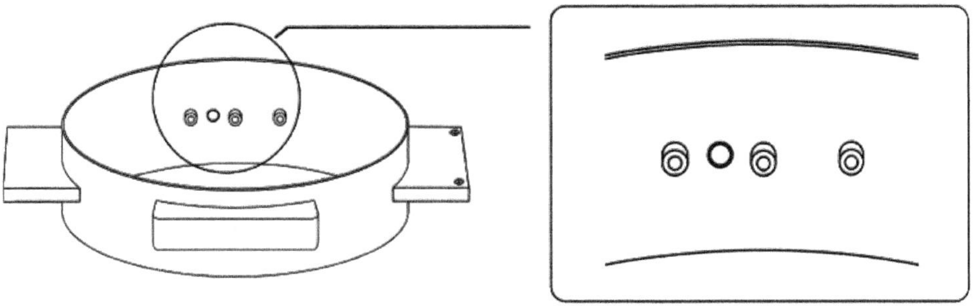

图 D.5 降水发生探测器示意图

D.1.3.5 外围结构

外围组件包括收集容器、保护外壳、底盘基座、防风圈等。

收集容器为一个 ϕ260mm×310mm 的桶状容器,采用聚乙烯(简称 PE)材质,该材质无毒环保,具有优良的耐低温性能(最低使用温度可达−70~−100℃),化学稳定性好,能耐大多数酸碱的侵蚀(不耐具有氧化性质的酸),当通过一个 200mm 口径测量时可容纳 400mm 的液体，收集容器的桶底恰好放在载荷元件平台的托盘槽内(图 D.6)。降水收集在收集容器中，并与一定量的防冻剂混合在一起，从而防止容器中的液体结冰。收集容器中放置一层薄的蒸发抑制油，用以抑制降水的蒸发。

图 D.6　收集容器放置

承水口设计符合气象业务观测相关规定，形状为内径 200mm 的正圆，口缘采用黄铜材料制作，内直外斜刀刃形状(图 D.7)，以防雨滴溅失和桶口变形，保证承水口采样面积。

其主要尺寸规定为：内径尺寸：$\varnothing 200_{0}^{+0.6}$mm；刃口锐角：45°。

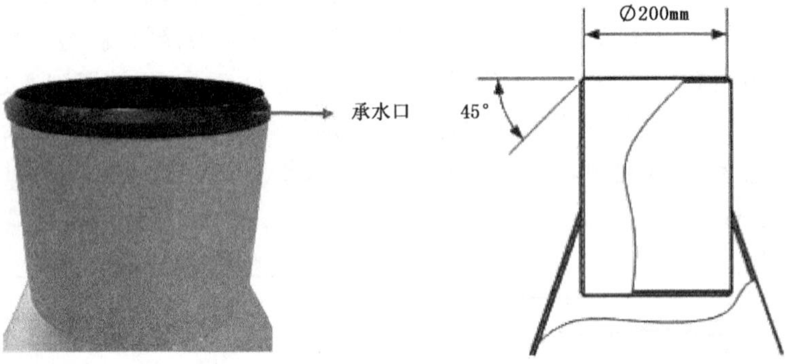

图 D.7　承水口

保护外壳主要有两方面的作用，一方面是通过其承水口，收集降水进入收集容器中，另一方面保护载荷元件、数据处理单元等内部组件免受雨雪天气因素的侵扰，保证其在野外环境下正常工作。外壳的外形设计呈"凸"字形(图 D.8(a))，具有上部窄下部宽特点，收集容器与外壳保持着合理的间隙，防止两者冻结、接触影响正常观测，这样的设计结构可起到防风、减少蒸发和增加降水捕获量的功能。保护外罩采用不锈钢材料制作，喷涂白色防锈漆。外壳下方有三个缺口槽是与底盘上的固定螺钉相配合(图 D.8(b))，保证在野外环境受风的影响使外壳不晃动。

底盘用于安装称重支架放置载荷元件、数据处理单元、OPD 及收集容器等部件(图 D.2)，底盘具有调平功能，可以通过调节螺栓(带有锁紧螺母的螺栓，如图 D.9 所示)进行载荷元件托盘的水平调节，调节水平后，底盘与基座顶端固定孔固定。

基座的上面和下面各为一个法兰盘，中间为圆柱体，如图 D.10 所示，使用铸铁材料制成，

(a)　　(b)

图 D.8　保护外壳及固定螺钉

图 D.9　调平及底盘固定螺栓实物图

表面进行热镀锌、喷漆处理，基座高度约为 680mm，直接安装在混凝土基础上，用于稳定支撑传感器。基座圆柱体上的圆孔为穿线孔，底盘与基座的上法兰盘的固定孔通过螺栓固定；基座的下法兰盘的固定孔与地基上对应的地脚螺栓固定，如图 D.11 所示。

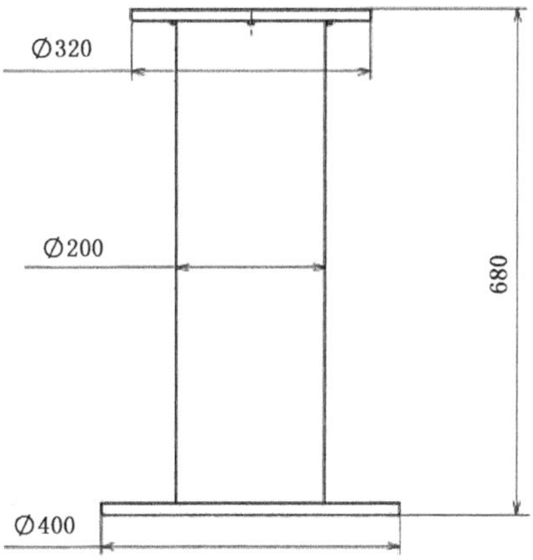

图 D.10　基座示意图(mm)

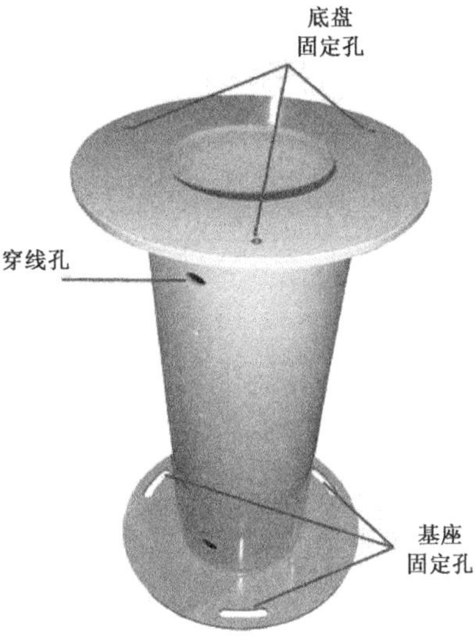

图 D.11　基座实物图

防风圈由 24 片风挡单片、3 个龙骨与 1 个防风圈支架组成(图 D.12),是增大降雪捕获率的重要设备,其顶端高度略高于传感器承水口,支架与防风圈喷涂防腐蚀、防氧化材料涂层。为保证传感器尽量少受到干扰因素的影响,防风圈需独立预埋基础,与传感器分开安装。每个风挡单片与风挡龙骨用螺丝连接形成防风圈,使用防风圈支架将防风圈支撑、固定起来。防风圈 1/3 处做开口设计使台站人员现场维护便捷(图 D.13)。

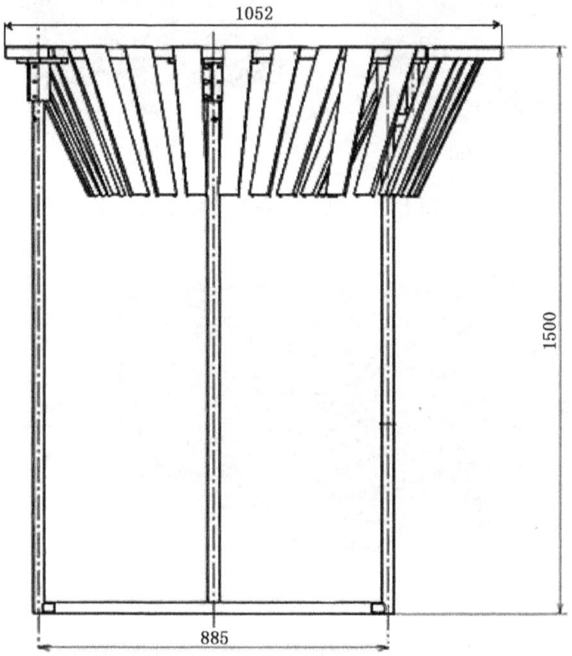

图 D.12　防风圈整体示意图(mm)

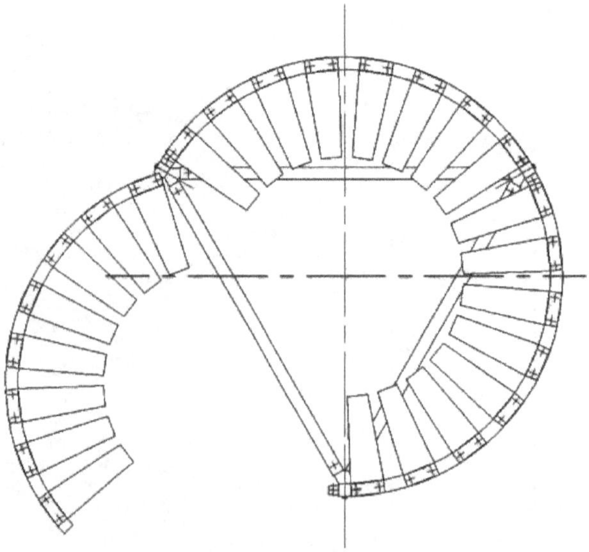

图 D.13　防风圈开口示意图

D.2　配置清单

配置清单见表 D.1。

表 D.1　配置清单

序号	部件名称	型号	备注
1	称重信号处理单元	HYTY-DSC3-S-ZHDY	禁拆部件
2	载荷元件	HYTY-DSC3-AS-CZDY	禁拆部件
3	降水发生探测器(OPD)	HYTY-DSC3-S-JSFSQ	禁拆部件
4	收集容器	HYTY-DSC3-O-SJRQ	
5	保护外壳	HYTY-DSC3-SP-BHWK	
6	底盘与基座	HYTY-DSC3-SP-AZJZ	
7	防风圈	HYTY-DSC3-SP-FFQ	
8	电源、信号电缆	RVVP2X0.75(电源线) RVVP3X0.5(信号线)	
9	手动虹吸泵	HYTY-DSC3-CM-HXG	
10	抑制蒸发油	HYTY-DSC3-CM-PY	耗材
11	防冻液	HYTY-DSC3-CM-PY	耗材

D.3　技术参数

技术参数见表 D.2。

表 D.2　技术参数

序号	项目类型	技术指标
1	承水口直径	$\varnothing 200_{0}^{+0.6}$mm
2	容量(包括防冻液、抑制蒸发油)	400mm
3	分辨力	0.1mm
4	准确度	±0.4mm(≤10mm 时) ±4%(>10mm 时)
5	数据输出	脉冲(通断信号),RS232(9600 N 8 1)
6	工作温度	−50～+60℃
7	储存温度	−50～+80℃
8	外形尺寸	∅1050mm×1500mm
9	电压	9～15V
10	电流	12V 供电时≤75mA

D.4 故障索引列表

故障索引列表见表 D.3。

表 D.3 故障索引列表

序号	故障现象	故障原因/部位	解决方案	故障级别
1	称重降水数据缺测	参数设置错误； 线路连接错误； 电源故障。	见 D.5.1	简单故障
		传感器故障； 电缆故障； 主采集器故障。	见 D.5.1	一般故障
2	称重降水数据异常	参数设置错误； 传感器缺少维护； OPD 模块故障；	见 D.5.2	简单故障
		主采集器故障。	见 D.5.2	一般故障

D.5 故障维修

D.5.1 称重降水数据缺测

D.5.1.1 故障现象

称重降水数据缺测，自动站其他观测要素正常。

D.5.1.2 故障分析

称重式降水传感器是智能传感器，输出信号是 RS485/RS232 的串口信号或者脉冲信号。DZZ6 业务站的标准配置采用 RS232 方式将称重降水数据传输到主采集器。

引起称重降水数据缺测的故障原因可能有：

(1)参数设置错误；

(2)线路连接不良；

(3)称重式降水传感器故障；

(4)称重降水电缆故障；

(5)主采集器通道故障。

D.5.1.3 技术依据

称重降水测量信号流向如图 D.14 所示。

部分台站称重传感器电源直接从自动站电源箱取电。

称重式降水传感器三种方式的接线及定义如表 D.4 所示，默认使用 RS232 方式，通信参数为：9600 N 8 1。

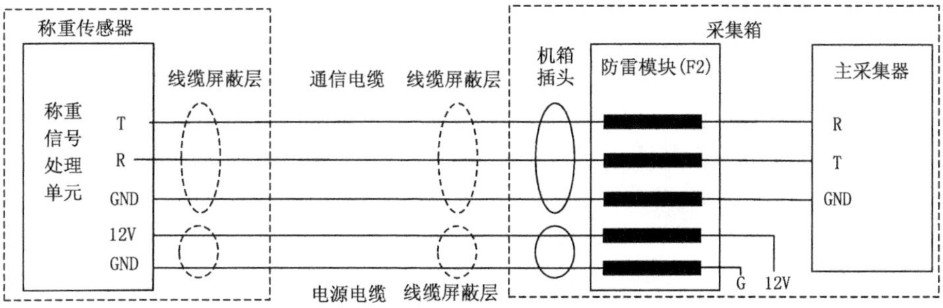

图 D.14 DSC3 称重式降水传感器测量信号流向图

表 D.4 称重式降水传感器接线颜色及定义

序号	线色	RS232	RS485	开关信号
1	红	RXD	B	J2
2	蓝	TXD	A	J1
3	黄	SGND		

称重式降水传感器数据处理单元接口如图 D.15 所示。

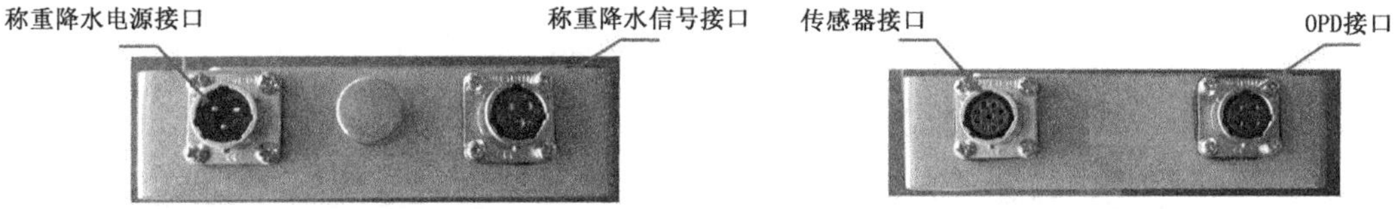

电源接口为3芯针，信号接口为3芯孔
数据处理单元前面(a)

传感器接口为9芯孔，OPD接口为4芯孔
数据处理单元前面(b)

图 D.15 称重式降水传感器数据处理单元接口布局图

D.5.1.4 维修流程

维修流程见图 D.16。

D.5.1.5 检测要点

在 ISOS 的采集软件上检查称重式降水传感器是否挂接；用终端操作命令 SENST RAW 检查称重式降水传感器的状态是否被禁用；检查 ISOS 软件中的数据质量控制参数设置。

检查称重式降水传感器是否连接正确，传感器接插件是否有松动现象。

检查传感器的供电电压，将万用表调到 DC 20V 的测量挡，在称重降水信号处理单元的电源输入端上，测量"1，2"两针脚之间的电压，正常情况下，电压应在 DC 10～14.5V 之间，若低于 DC 10V，则说明供电存在问题，检查通信电缆和供电系统，恢复供电。

在主采集器上，将称重式降水的接插件拔掉；在称重降水数据处理单元端，将通信电缆的信号接插件拔掉，使用万用表通断挡分别测量三根信号线的通断，若其中任一组出现短路、断路情况，说明通信电缆故障，修复或更换通信电缆。

电脑直连称重式降水传感器读取数据，判断传感器是否正常。如果质量数据没有，则用替

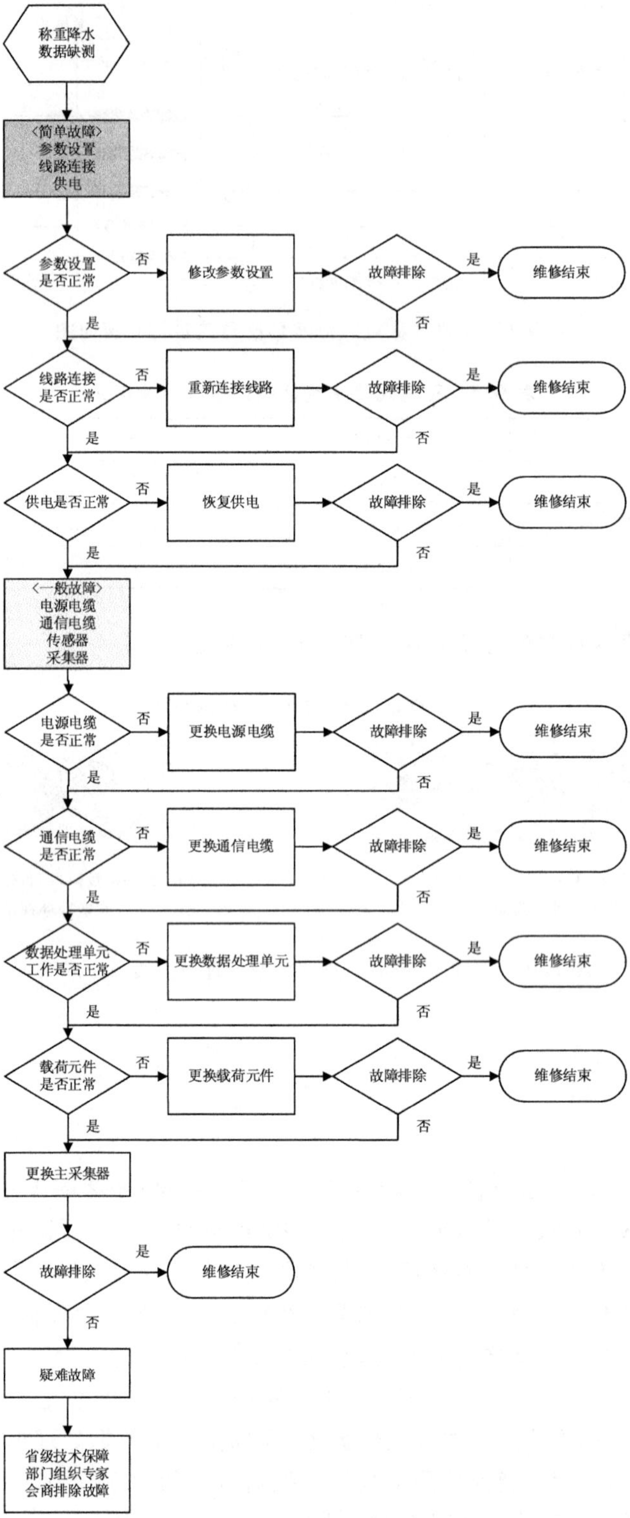
称重降水
数据缺测
〈简单故障〉
参数设置
线路连接
供电
参数设置
是否正常
否
修改参数设置
故障排除
是
维修结束
否
是
线路连接
是否正常
否
重新连接线路
故障排除
是
维修结束
否
是
供电是否正常
否
恢复供电
故障排除
是
维修结束
否
是
〈一般故障〉
电源电缆
通信电缆
传感器
采集器
电源电缆
是否正常
否
更换电源电缆
故障排除
是
维修结束
否
是
通信电缆
是否正常
否
更换通信电缆
故障排除
是
维修结束
否
是
数据处理单元
工作是否正常
否
更换数据处理单元
故障排除
是
维修结束
否
是
载荷元件
是否正常
否
更换载荷元件
故障排除
是
维修结束
否
是
更换主采集器
故障排除
是
维修结束
否
疑难故障
省级技术保障
部门组织专家
会商排除故障

图 D.16　维修流程

换法排除载荷元件故障；如果质量数据正常雨量数据没有，则用替换法排除数据处理单元故障。

如果传感器、供电、电缆均正常，可能是主采集器故障。

电脑直连传感器读取数据方法是：

电脑通过 USB 转串口线和产品配套串口线（图 D. 17）与设备底盘的调试串口连接，传感器通电。

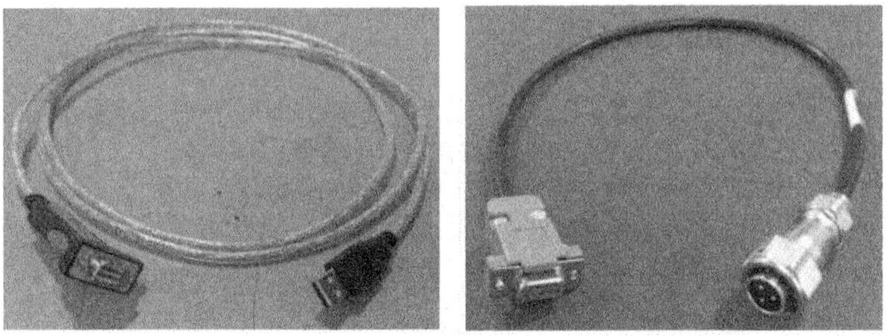

USB转RS232串口线　　产品配套串口线

图 D. 17　USB 转串口线和产品配套串口线实物图

利用计算机的超级终端或串口调试助手等软件，按照设备的波特率设置，设置每分钟自动发送 DMPR 命令一次（定时发送：60000ms/次），软件中就会显示当前分钟记录，初始化后，用量杯加入已知的水（每分钟缓慢、匀速的加入 5mm 的水，共需加入 10mm 的水），加入的水必须通过 OPD 红外线光束，否则降水量不会输出。倒入完毕后，等待 5 分钟，查看软件显示的分钟降水量或质量数据（图 D. 18）。

```
201205161747 02017 0000 000 0 0196 0 078142 +255 111 1z!!!!!!        BF
201205161748 02017 0000 000 0 0196 0 078142 +255 111 1z!!!!!!        C0
201205161749 02017 0000 008 0 0204 0 079377 +255 111 zz!!!!!!        13
201205161750 02017 0000 008 0 0212 0 079627 +255 111 zz!!!!!!        08
201205161751 02017 0000 008 0 0220 0 079883 +255 111 zz!!!!!!        0C
201205161752 02017 0000 008 0 0228 0 080122 +255 111 zz!!!!!!        FF
201205161753 02017 0000 008 0 0236 0 080399 +255 111 zz!!!!!!        0F
201205161754 02017 0000 007 0 0243 0 080622 +255 111 zz!!!!!!        02
201205161755 02017 0000 010 0 0253 0 080901 +255 111 zz!!!!!!        FE
201205161756 02017 0000 006 0 0259 0 081115 +255 111 zz!!!!!!        08
201205161757 02017 0000 010 0 0269 0 081258 +255 111 zz!!!!!!        0D
201205161758 02017 0000 006 0 0275 0 081255 +255 111 zz!!!!!!        0D
201205161759 02017 0000 010 0 0285 0 081249 +255 111 zz!!!!!!        0D
201205161800 02017 0000 006 0 0006 0 081252 +255 111 2z!!!!!!        AE
201205161801 02017 0000 005 0 0011 0 081249 +255 111 2z!!!!!!        B0
201205161802 02017 0000 000 0 0011 0 081249 +255 111 2z!!!!!!        AC
201205161803 02017 0000 000 0 0011 0 081249 +255 111 2z!!!!!!        AD
201205161804 02017 0000 000 0 0011 0 081249 +255 111 2z!!!!!!        AE
```

图 D. 18　电脑直连 DSC3 称重式降水传感器获取数据示意图

返回值格式如图 D. 19 所示。

D. 5. 1. 6　恢复测试

（1）使用人工量杯量 10mm 的水，缓慢倒入到称重式降水传感器盛水桶中，通过业务软件查看监控界面实时数据，检查称重式降水传感器是否测量为 10mm 左右。

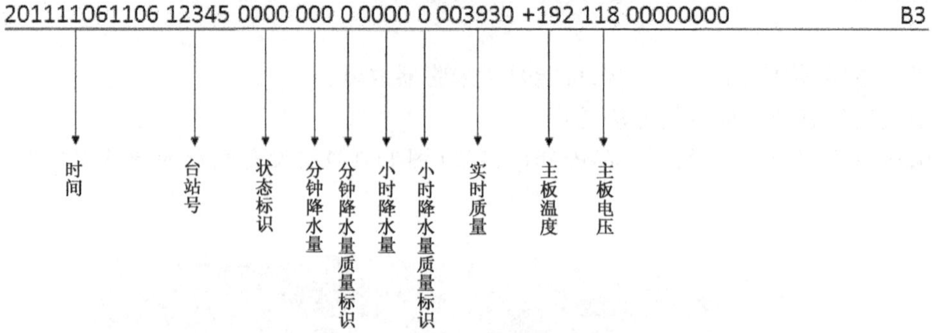

图 D.19　DSC3 称重式降水传感器数据格式定义

(2)称重式降水传感器数据正常,完成恢复测试。

D.5.2　称重降水数据异常

D.5.2.1　故障现象

称重降水数据异常。

D.5.2.2　故障分析

基于称重测量降水的原理,降水发生探测器(OPD)模块故障、称重单元性能下降、日常维护不到位或环境因素等,都可能影响称重降水数据的准确性。引起此故障的原因可能有:

(1)参数设置不正确;

(2)传感器缺少维护;

(3)降水发生探测器(OPD)模块故障;

(4)传感器故障。

D.5.2.3　技术依据

称重降水测量信号流向如图 D.20 所示。

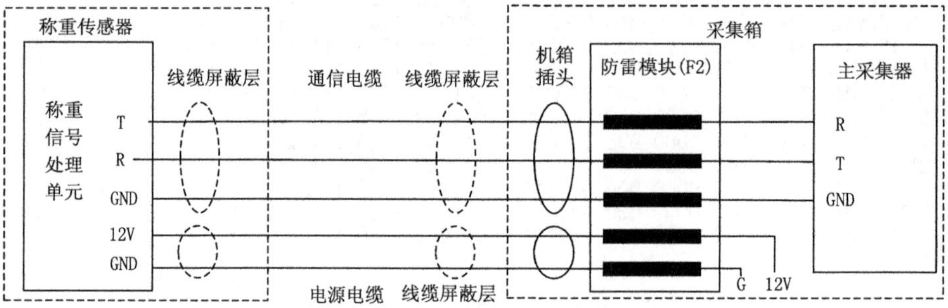

图 D.20　DSC3 称重式降水传感器测量信号流向图

称重式降水传感器三种方式的接线及定义如表 D.5 所示,默认使用 RS232 方式,通信参数为:9600 N 8 1。

表 D.5　称重式降水传感器接线颜色及定义

序号	线色	RS232	RS485	开关信号
1	红	RXD	B	J2
2	蓝	TXD	A	J1
3	黄	SGND		

称重式降水传感器数据处理单元接口如图 D.21 所示。

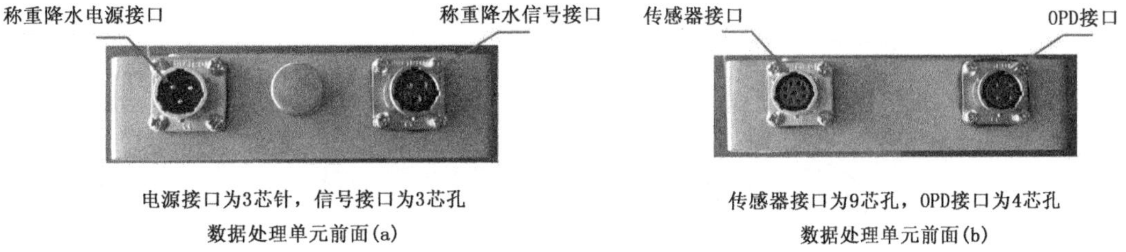

图 D.21　称重式降水传感器数据处理单元接口布局图

D.5.2.4　维修流程

维修流程见图 D.22。

D.5.2.5　检测要点

通过 ISOS 软件的维护终端或者直连主采集器，用终端操作命令 SENCO RAW 检查称重式降水传感器的系数是否正常；检查 ISOS 软件中的数据质量控制参数设置。

检查承水口：每个月应检查承水口是否有蛛网及其他堵塞异物。在多雪的季节，应经常检查承水口是否有雪堆积。

维护盛水桶：盛水桶每年至少进行 2 次维护，一次是在入夏之前，一次是在入冬之前。在降水量多的地区、沙尘严重的地区，维护次数应适当增加。

盛水桶的维护包括以下几个方面：清空、清洗；添加防冻液（在有冰冻的地区，入冬之前应添加）；添加防蒸发油。

查看 OPD 工作是否正常：电脑与设备的调试串口连接，取下保护外罩，用细铁丝或其他细小物质从 OPD 圈的中心快速晃动（模拟降水），同时发送命令 LS 看 OPD 记录次数是否增长（图 D.23），OPD 记录次数增长说明 OPD 能够启动降水的发生；然后停止 OPD 圈的中心晃动，同时连续发送 LS 命令，此时 OPD 显示的次数应该停止在最后晃动时的记录的次数，OPD 记录次数无增长说明 OPD 工作正常，否则 OPD 存在着故障，会影响降水量的输出或误报降水量。

电脑直连称重降水传感器读取数据，判断传感器是否正常。如果质量数据异常，则用替换法排除称重单元故障；如果质量数据正常雨量数据异常，则用替换法排除信号处理单元故障。

电脑直连称重式降水传感器读取数据方法见 D.5.1 中的处理过程。

如果传感器、OPD 模块、电缆均正常，可能主采集器故障。

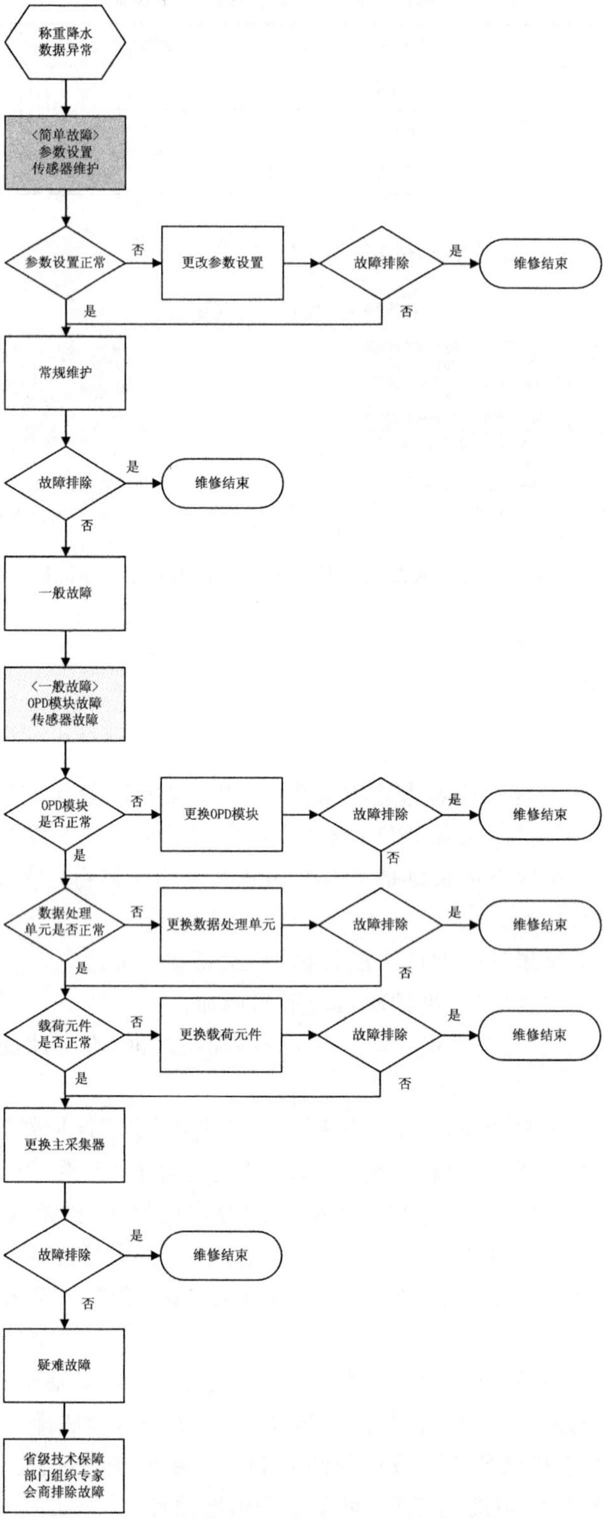
称重降水
数据异常
〈简单故障〉
参数设置
传感器维护
参数设置正常
否
更改参数设置
故障排除
是
维修结束
否
是
常规维护
故障排除
是
维修结束
否
一般故障
〈一般故障〉
OPD模块故障
传感器故障
OPD模块
是否正常
否
更换OPD模块
故障排除
是
维修结束
是
否
数据处理
单元是否正常
否
更换数据处理单元
故障排除
是
维修结束
是
否
载荷元件
是否正常
否
更换载荷元件
故障排除
是
维修结束
是
否
更换主采集器
故障排除
是
维修结束
否
疑难故障
省级技术保障
部门组织专家
会商排除故障

图 D. 22　维修流程

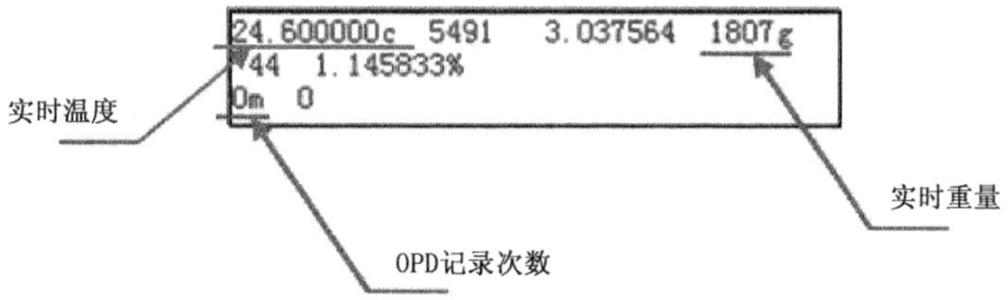

图 D.23　LS 命令数据格式

D.5.2.6　恢复测试

(1)使用人工量杯量 10mm 的水,缓慢倒入到称重式降水传感器盛水桶中,通过业务软件查看监控界面实时数据,检查称重式降水传感器是否测量为 10mm 左右。

(2)称重式降水传感器数据正常,完成恢复测试。

D.6　硬件置换

D.6.1　称重式降水传感器

D.6.1.1　称重式降水传感器置换流程

称重式降水传感器置换流程见图 D.24。

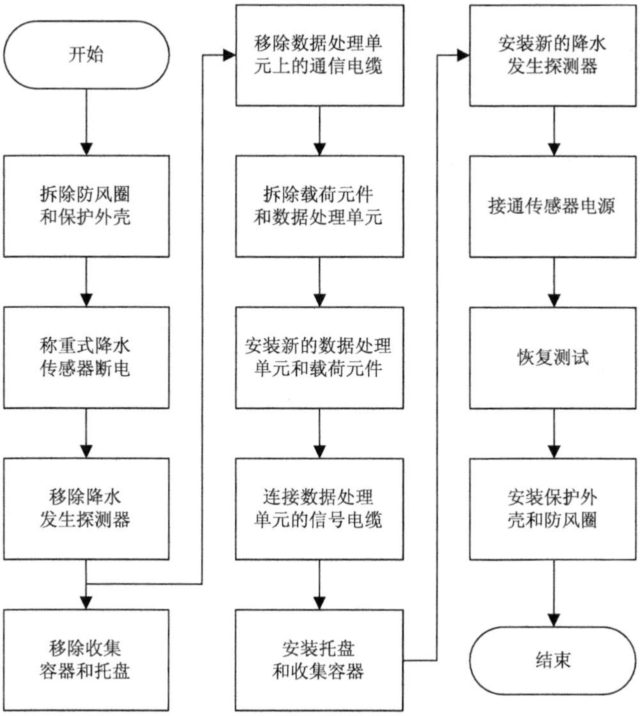

图 D.24　称重式降水传感器置换流程

D. 6. 1. 2　称重式降水传感器置换操作过程

(1)拆除防风圈和保护外壳。

(2)称重式降水传感器断电。

(3)移除降水发生探测器。

(4)移除收集容器和托盘。

(5)拆除数据处理单元上的各通信电缆。

(6)拆除载荷元件和数据处理单元的固定螺丝并取下。

(7)安装新的数据处理单元和载荷元件,按照原对应关系连接各通信电缆。

(8)安装托盘和收集容器。

(9)安装新的降水发生探测器。

(10)检查传感器电路连接是否正确,相关部件是否固定,确认无误后,接通传感器电源。

(11)恢复测试正常后,安装保护外壳和防风圈。

D. 6. 1. 3　恢复测试

(1)使用人工量杯量 10mm 的水,缓慢倒入到称重式降水传感器盛水桶中,通过业务软件查看监控界面实时数据,检查称重式降水传感器是否测量为 10mm 左右。

(2)称重式降水传感器数据正常,完成恢复测试。

D. 6. 2　更换数据采集和处理单元印制板

数据采集和处理单元印制板示意图见图 D. 25。

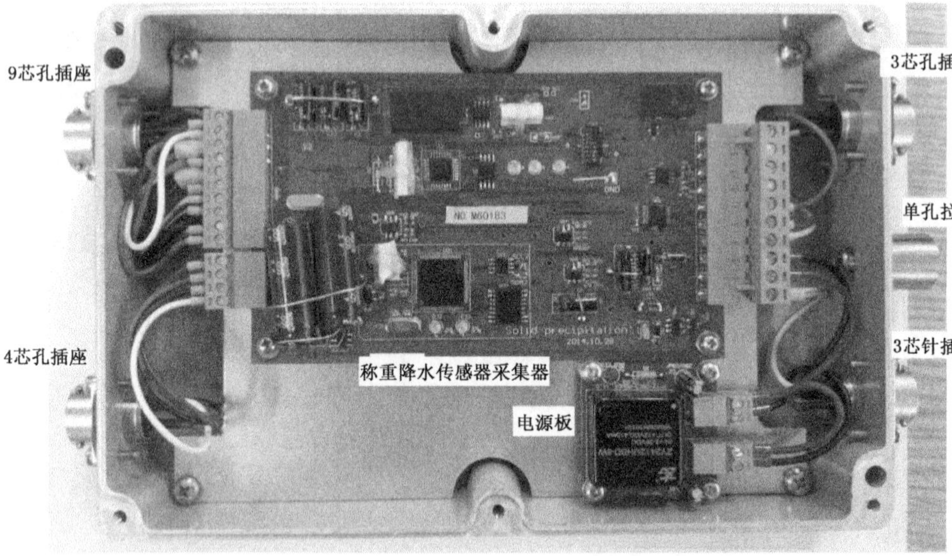

图 D. 25　数据采集和处理单元印制板示意图

具体更换步骤如下:

(1)拔出左右两端的接线端子;

(2)取下印制板的固定螺丝;

(3)更换新的印制板,并旋紧固定螺丝;

(4)把接线端子插入相应的接线端口;

(5)完成印制板的置换。

D.6.3　线缆

主采集器与称重式降水传感器之间使用电缆连接,分为电源线和通信线,这两种线缆均采用防水接插件连接,连接主采集器端使用接线端子插接。

称重降水传感器端采用的防水接插件连接,安装更换时,不要误拧松了电缆的锁紧螺母,这将导致失去防水作用。

线缆置换注意事项:

(1)要安全地把原线缆从连接处取下,不要损伤连接点保留侧部件的连接性能。

(2)新更换上的线缆连接要确保线序正确、连接可靠。

(3)原线缆从铺设管道或线槽中取出时不要损伤其他保留线缆。

(4)新更换上的线缆要按规范铺设,不要损伤线缆保护层,转弯处要保留适当弧度避免折损芯线,外露部分适当捆扎固定。

D.7　附图

D.7.1　硬件结构图

硬件结构图见图 D.26。

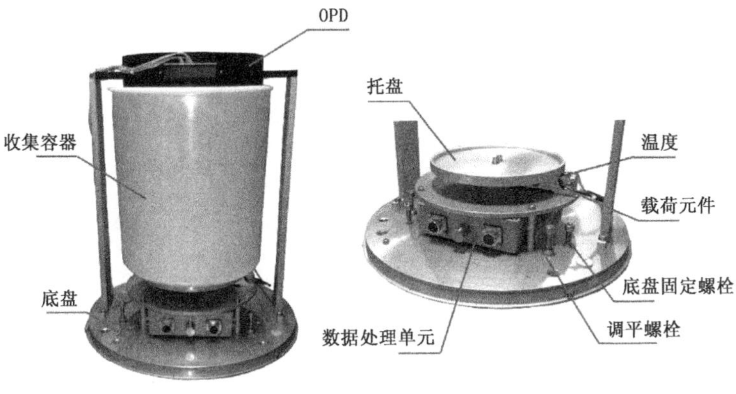

图 D.26　硬件结构图

D.7.2　电气连接图

电气连接图见图 D.27。

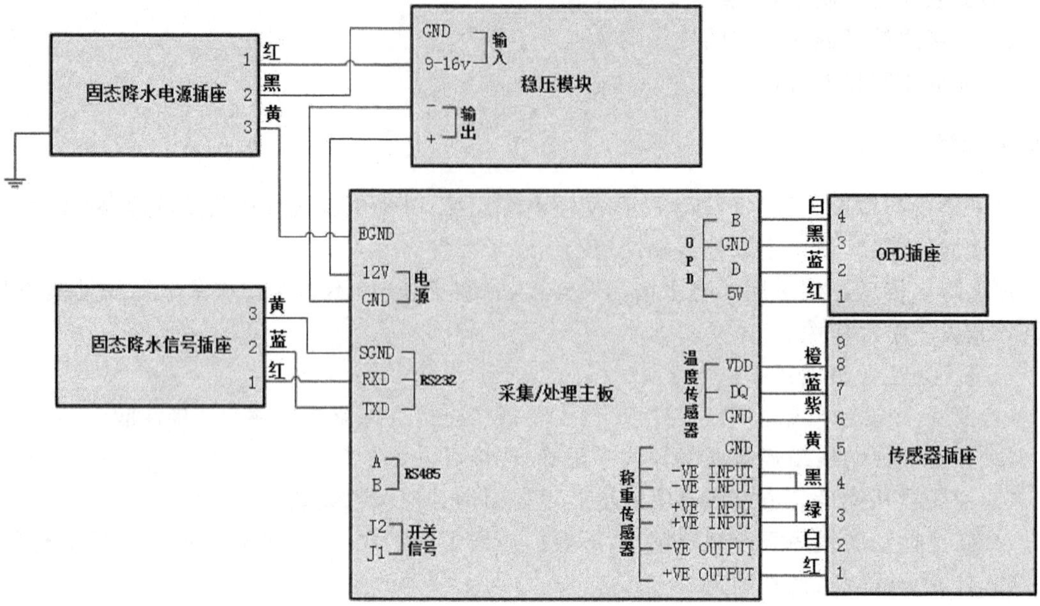
固态降水电源插座
1
2
3
红
黑
黄
GND
9-16v
输入
−
+
输出
稳压模块
固态降水信号插座
3
2
1
黄
蓝
红
EGND
12V
GND
电源
SGND
RXD
TXD
RS232
A
B
RS485
J2
J1
开关信号
采集/处理主板
OPD
B
GND
D
5V
温度传感器
VDD
DQ
GND
GND
称重传感器
-VE INPUT
-VE INPUT
+VE INPUT
+VE INPUT
-VE OUTPUT
+VE OUTPUT
白
黑
蓝
红
4
3
2
1
OPD插座
橙
蓝
紫
黄
黑
绿
白
红
9
8
7
6
5
4
3
2
1
传感器插座

图 D.27　电气连接图

附录 E　DPZ1 型综合集成硬件控制器

E.1　设备概况

E.1.1　概述

DPZ1 综合集成硬件控制器是通信传输设备，主要功能是实现对观测场内新型自动气象站、能见度仪、天气现象仪、辐射观测站等设备的集约化管理，将各设备观测数据的 RS232/485/422 传输模式转换至以太网传输模式，再通过光电转换器实现电信号和光信号的相互转换，最后通过配套软件在业务计算机上模拟出多个虚拟串口，通过网络方式实行对各个串口设备的独立管理。

DPZ1 综合集成硬件控制器主要包括：DPZ1 型综合集成硬件控制器主机（通信控制模块）、供电系统、多模传输光纤、通信转换单元、计算机驱动软件等。

E.1.2　设备外观及结构

E.1.2.1　布局示意图

DPZ1 综合集成硬件控制器包括室外部分和室内部分，其中室外部分主要为供电系统、综合集成硬件控制器主机、光纤以及相应的安装结构，室外安装示意图如图 E.1 所示。室内部分主要是通信转换单元。

图 E.1　DPZ1 综合集成硬件控制器室外部分布局示意图

E.1.2.2　组成结构图

DPZ1 综合集成硬件控制器组成结构如图 E.2 所示。

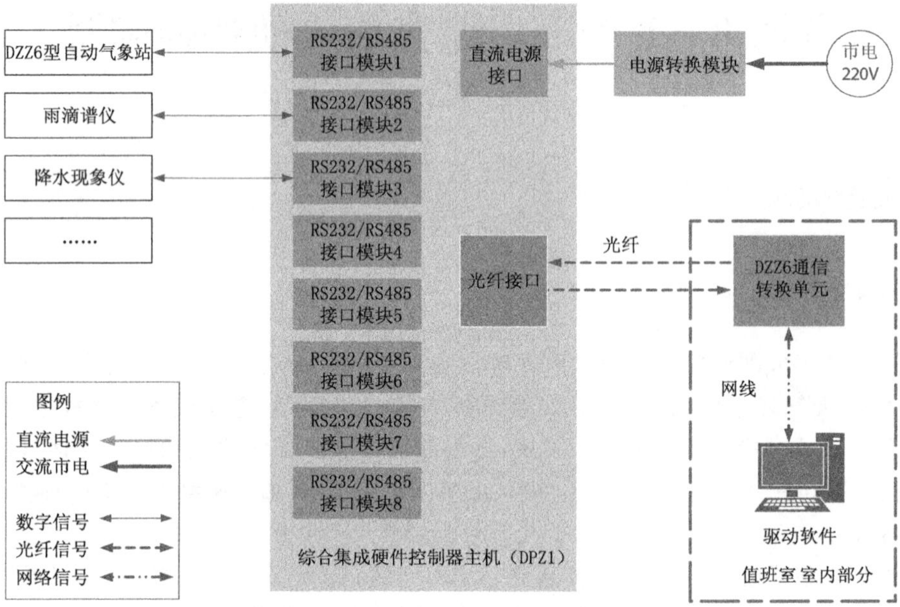

图 E.2　DPZ1 综合集成硬件控制器组成结构图

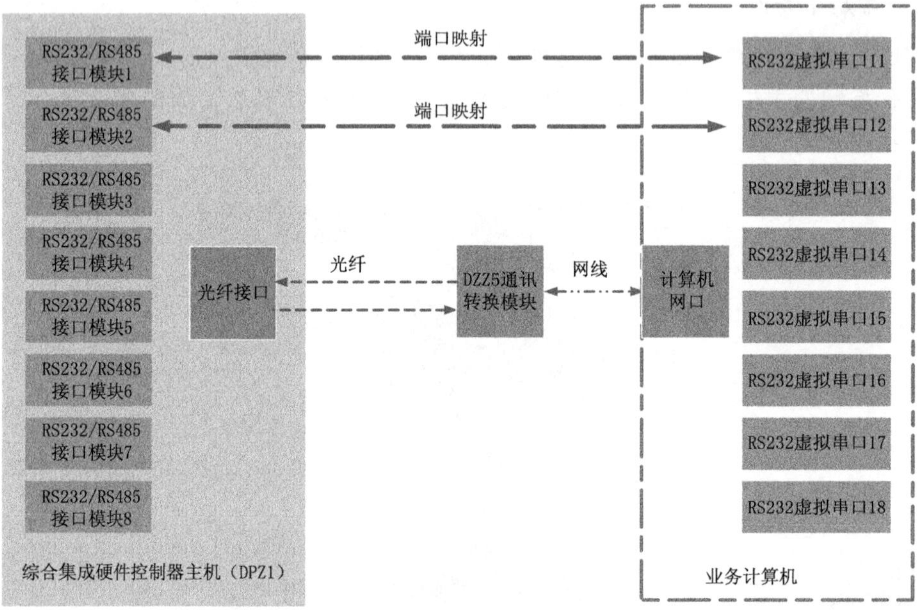

图 E.3　综合集成硬件控制器主机与业务计算机端口映射示意图

业务计算机通过驱动软件虚拟出 8 个串口(如串口 11 至串口 18),与综合集成硬件控制器主机的 8 个 RS232/RS485 建立一一对应关系,如图 E.3 所示,各组映射彼此独立,可相互替代。

E.1.3 组成部分功能介绍

E.1.3.1 DPZ1 型综合集成硬件控制器主机

DPZ1 型综合集成硬件控制器主机内置嵌入式操作系统,通过彼此独立的串口传输模块与观测场的设备进行通信,并在内部进行光/电信号转换,将电信号转换为光信号从光纤接口输出,或将光纤接口输入的光信号转换为电信号从串口传输模块输出,从而实现观测设备的集中管理,用一个接口实现业务计算机与多个观测设备间的数据通信。

DPZ1 型综合集成硬件控制器主机采用 DC 9~15V 供电,具有 8 个可灵活配置并可手动拔插的串口传输模块(支持 RS232/485/422 通信方式),4 个 RJ45 接口(其中 1 个为 8 串口转以太网接口,3 个为以太网光纤转换接口),1 组光纤收发接口(支持 1300nm 多模光纤),1 个 RS232 调试接口,2 个 USB 接口和 1 个 SD 卡插槽。面板及接口介绍见图 E.4、图 E.5,内部电路板见图 E.6,各指示灯功能描述见表 E.1。

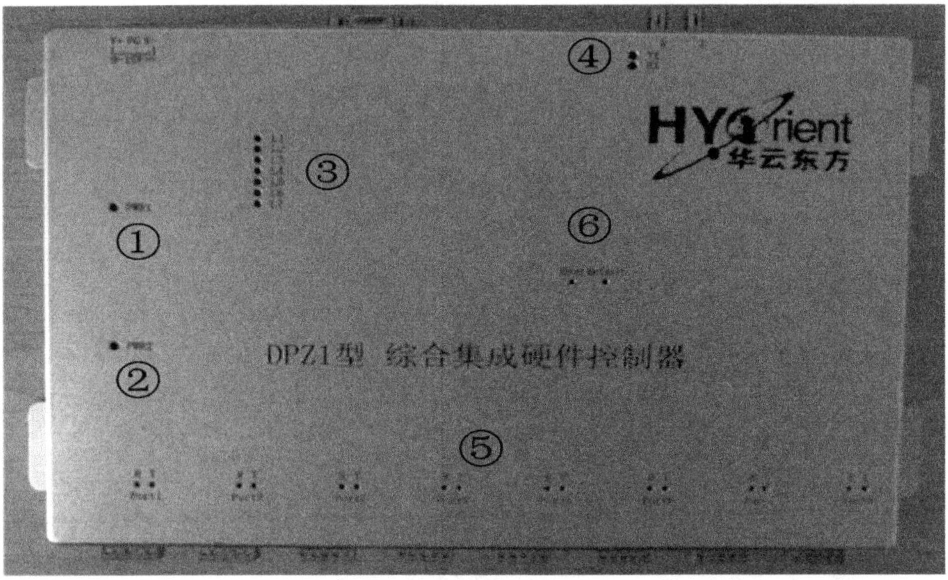

①PWR1:电源指示灯
②PWR2:电源指示灯
③L1:系统启动指示灯
L7:恢复出厂设置指示灯
④Tx:光纤数据发送指示灯
Rx:光纤数据接收指示灯
⑤R:串口数据接收指示灯
T:串口数扰发送指示灯
⑥Reset:系统复位按键
Default:恢复出厂设置按健

图 E.4 综合集成硬件控制器主机面板介绍

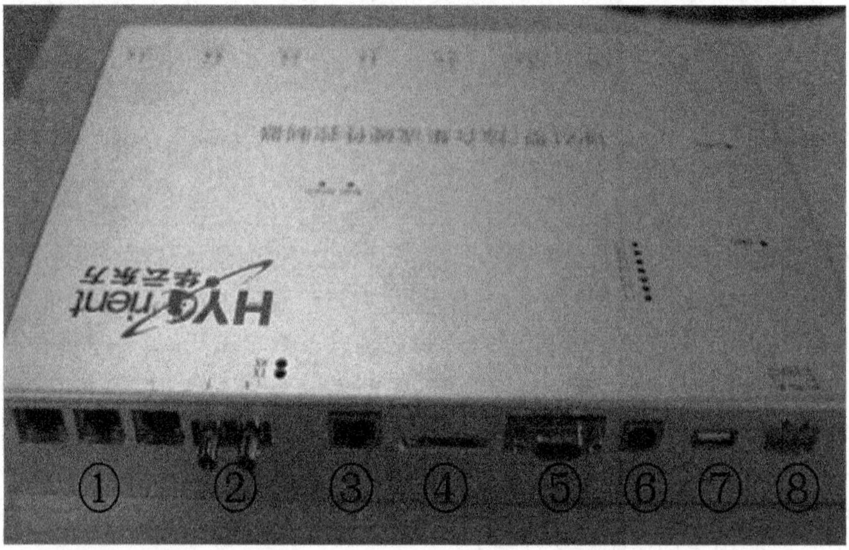

①RJ45接口（以太网转光纤）
②ST光纤收发接口（1300nm多模光纤）
③RJ45接口（8串口转以太网）
④SD卡插槽（数据存储）
⑤RS-232 DB9母口（调试接口）
⑥USB母口（B型）（调试接口）
⑦USB母口（A型）（预留）
⑧3位可插拔接线端子（DC 9～15V供电接口）

图 E.5 综合集成硬件控制器主机接口介绍

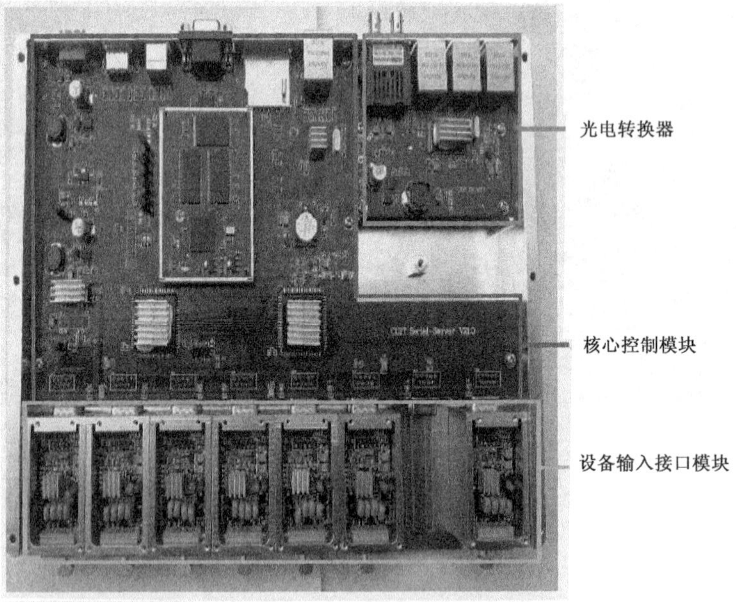

图 E.6 综合集成硬件控制器主机内部电路板

表 E.1　DPZ1 型综合集成硬件控制器主机面板指示说明

序号	面板标识	功能描述
1	PWR1	主电路电源指示灯，设备正常工作时常亮
2	PWR2	8路输入串口供电电源指示灯，设备正常工作时常亮
3	L1	设备启用正常运行后闪烁，系统启动指示灯
	L7	恢复出厂设置指示灯，恢复出厂设置成功后闪烁1次
4	Tx/Link	光纤连接正常时常亮
	Rx/Ack	光纤数据传输时闪烁
5	R	串口数据接收指示灯，有数据传输时闪烁
	T	串口数据发送指示灯，有数据传输时闪烁
6	Reset	系统复位按键，长按1秒钟系统重启
	Default	恢复出厂设置按键，长按5秒钟恢复出厂设置成功

串口传输模块支持三种串行通信方式的动态切换，可灵活配置，并可手动拔插，同时在内部采用光电隔离，使得设备与系统之间只有光传送，没有电接触，可抑制电磁干扰和浪涌。串口传输模块接头外观见图E.7，通信线接口说明见表E.2。

①可插拔RS-232/485/422接头
②5位可插拔接线端子（接入观测设备）
③DB9母口（引脚自定义）（接入可插拔RS-232/485/422接头）

图 E.7　串口传输模块外观

表 E.2　串口传输模块通信线接口说明

脚号	1	2	3	4	5
定义	GND	422RX－	422RX＋/232TXD	422TX－/485A－	422TX＋/485A＋/232RXD

E.1.3.2　供电系统

综合集成硬件控制器供电系统由四部分组成，分别是空气开关、交流防雷器、电源转换模块和蓄电池，如图E.8所示。

工作原理如图E.9所示。电源转换模块将外部提供的220V交流市电转换为DC13.8V，一方面给蓄电池充电，一方面给负载供电。当没有外部交流电时，电源转换模块用蓄电池电量

图 E.8　综合集成硬件控制器供电系统

为负载供电，确保负载正常工作，当蓄电池电压低于 10.8V 时，电源转换模块断开供电，避免电池过渡放电报废。

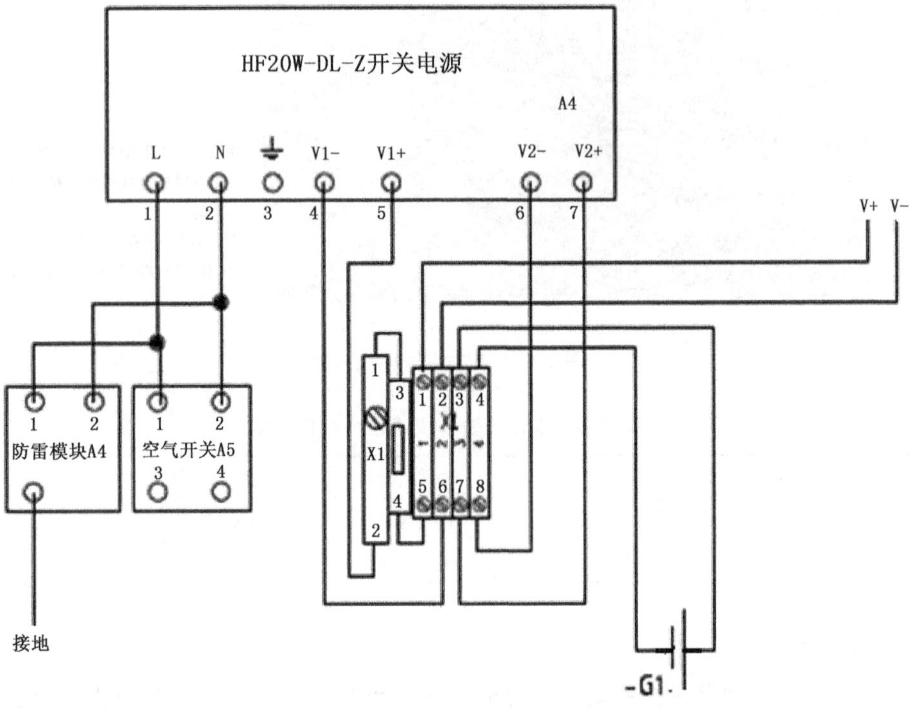

图 E.9　综合集成硬件控制器供电系统连接图

E. 1. 3. 3　传输光纤

综合集成硬件控制器至值班室之间的信号通过光纤进行传输，与 DPZ1 型综合集成硬件控制器主机匹配的光纤规格为 62.5/125 多模光纤。如图 E. 10 所示，将光纤一端的 ST 插头接入机箱内主机的 T、R 光纤接口，另一端接入室内 DZZ5 通信转换单元的 R、T 光纤接口。

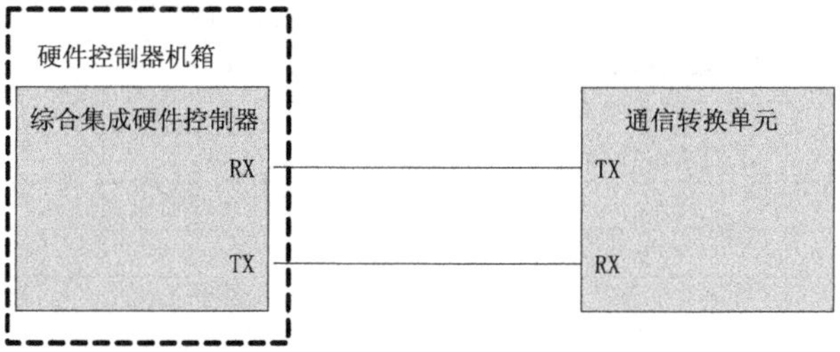

图 E. 10　光纤两端对应连接接线图

E. 1. 3. 4　通信转换单元

通信转换单元主要包括交流电源适配器、光电转换模块和以太网线三部分。如图 E. 11 所示。

光电转换模块可实现 100Base-TX(RJ45)和 100Base-FX(光纤信号)的转换，通过光纤与室外通信控制模块连接通信，采用 DC9～15V 供电，具有 3 个 RJ45 接口和 1 组 ST 光纤收发接口，3 个 RJ45 接口支持 10/100M、全双工、半双工自适应。光纤接口采用 ST 接头，支持 1300nm 多模光纤。通信转换单元外观及接口介绍见图 E. 11。

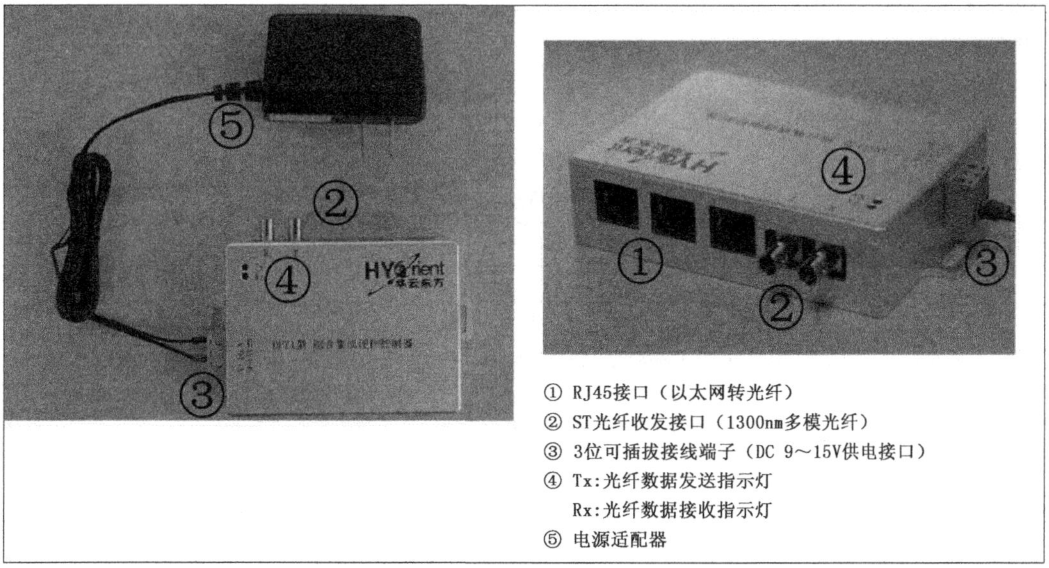

图 E. 11　光电转换模块外观及接口介绍

E.2 设备配置清单

设备配置清单见表 E.3。

表 E.3 设备配置清单

部件分类	部件名称	部件型号	备注
通信	综合集成硬件控制器主机	DZP1	禁拆部件
	室内光纤转换器	DPZ1	禁拆部件
	串口传输模块	DPZ1	禁拆部件
	光纤	多模光纤轻铠装	
	网线		
供电单元	空气开关	400V-3A	
	交流防雷模块	GSI-40/2P	
	电源转换模块	20W-DK-Z	
	保险管	2A	
	蓄电池	12V 38Ah	
外围部件	机箱		
	立杆	1.5m	
其他	可插拔接线端子		
	电缆		
	光纤跳线耦合器		

E.3 技术参数

E.3.1 DPZ1 型综合集成硬件控制器主机技术指标

DPZ1 型综合集成硬件控制器主机技术指标见表 E.4。

表 E.4 DPZ1 型综合集成硬件控制器主机技术指标

序号	参数	技术指标
1	通信参数	①波特率:115200,57600,38400,19200,9600,4800,2400,1200(初始默认 9600); ②数据位:5,6,7,8; ③检验位:Nove,Even,Odd,Space,Mark; ④停止位:1,1.5,2; ⑤工作方式:RS-232/485/422。
2	通信接口	①8 个可插拔串口传输模块(支持 RS-232/485/422 通信方式,默认 RS-232); ②4 个 RJ45 接口(其中 1 个为 8 串口转以太网接口,3 个为以太网转光纤接口); ③1 组 ST 光纤收发接口(支持 1300nm 多模光纤); ④1 个 RS-232 DB9 母口(调试口); ⑤1 个 USB 母口(B 型)(调试口); ⑥1 个 USB 母口(A 型)(预留); ⑦SD 卡插槽(数据存储)。

续表

序号	参数	技术指标
3	指示灯	①2 个电源指示灯； ②7 个状态指示灯； ③8 个 RS-232/485/422 接口通信指示灯； ④2 组 ST 光纤收发接口通信指示灯(通信控制模块和光电转换模块)。
4	按键	①1 个系统复位按键； ②1 个恢复出厂设置按键。
5	通信距离	内部集成了光纤接口，室内配备以太网光纤转换器实现 100Base-TX(RJ45)和 100Base-FX(光纤信号)的转换； 最大有线传输距离：≥500m。
6	通信防雷	内部采用光电隔离和浪涌保护，可抑制电磁干扰
7	供电电源	单向交流 220V(50Hz)±10%
8	电气性能	整机功耗<8W；串口数据缓存大小 7kB；存储卡容量 1GB
9	环境适应性	工作环境温度：−40～60℃

E. 3. 2　DZZ5 通信转换单元技术参数

DZZ5 通信转换单元技术参数见表 E. 5。

表 E. 5　DZZ5 通信转换单元技术参数

序号	参数	技术指标
1	通信接口	3 个 RJ45 接口(以太网接口)； 1 组 ST 光纤收发接口(支持 1300nm 多模光纤)
2	供电电源	单相交流 220V(50Hz)±10%
3	环境适应性	工作环境温度：−40～+60℃ 存储温度：−50～+60℃ 相对湿度：10%～95%；防尘防水：IP65s

E. 4　故障索引列表

故障索引列表见表 E. 6。

表 E. 6　故障索引列表

序号	故障现象	故障原因/部位	故障解决方案	故障级别
1	单通道接入设备无数据	ISOS 软件配置错误； 相应串口配置错误； 接入设备故障； 接入设备与串口传输模块的连接故障；	见 E. 5. 1. 4	简单故障

续表

序号	故障现象	故障原因/部位	故障解决方案	故障级别
1	单通道接入设备无数据	接入设备到综合集成硬件控制器的电缆故障； 串口传输模块故障。	见 E. 5. 1. 4	一般故障
2	接入设备全部无数据，且 Ping 不通设备	网卡故障； 网线故障； 网线与网口连接不良； 光纤连接接反； 通信转换单元供电故障；	见 E. 5. 2. 4. 1	简单故障
		通信转换单元光电转换器故障； 光纤故障； 综合集成硬件控制器主机供电电源故障； 综合集成硬件控制器主机故障。	见 E. 5. 2. 4. 1	一般故障
3	接入设备全部无数据，能 Ping 通设备	comtonet、nettocom 服务未开启或丢失； ISOS 软件配置或运行不正常； 局域网内驱动冲突驱动； 软件 SMOPORT 异常； 综合集成硬件控制器虚拟串口状态不正常或串口配置信息错误；	见 E. 5. 2. 4. 3	简单故障
		综合集成硬件控制器主机故障。	见 E. 5. 2. 4. 3	一般故障
4	电源系统故障	市电输入异常； 空气开关意外跳闸；	见 E. 5. 3	简单故障
		空气开关故障； 电源转换模块故障； 蓄电池故障； 断路、短路故障。	见 E. 5. 3	一般故障

E. 5　故障维修

E. 5. 1　单通道接入设备无数据

E. 5. 1. 1　故障现象

某通道接入设备无数据，或数据时有时无但补收完整，其他通道接入设备数据正常。

E. 5. 1. 2　故障分析

因其他通道接入设备数据正常，可判断综合集成硬件控制器主机的供电、核心控制模块和光电转换部分、光纤通信及室内硬件正常。引起此故障的原因可能有：

(1)ISOS 软件通信参数配置错误；

(2)驱动软件相应串口配置错误；

(3)接入设备故障；

(4)接入设备与串口传输模块的连接故障；

(5)串口传输模块故障。

E.5.1.3　技术依据

(1)ISOS 软件通信参数配置示意图见图 E.12。

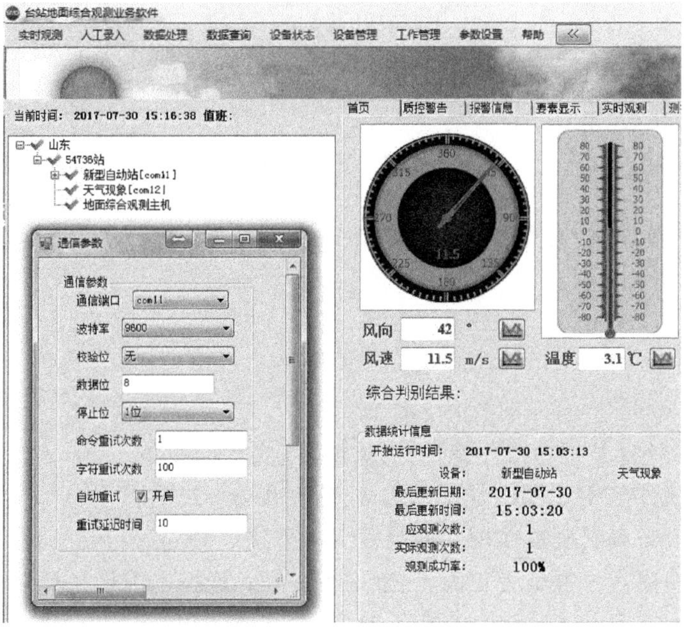

图 E.12　ISOS 软件通信参数配置示意图

(2)驱动软件 SMOPORT 设备串口信息配置示意图见图 E.13。

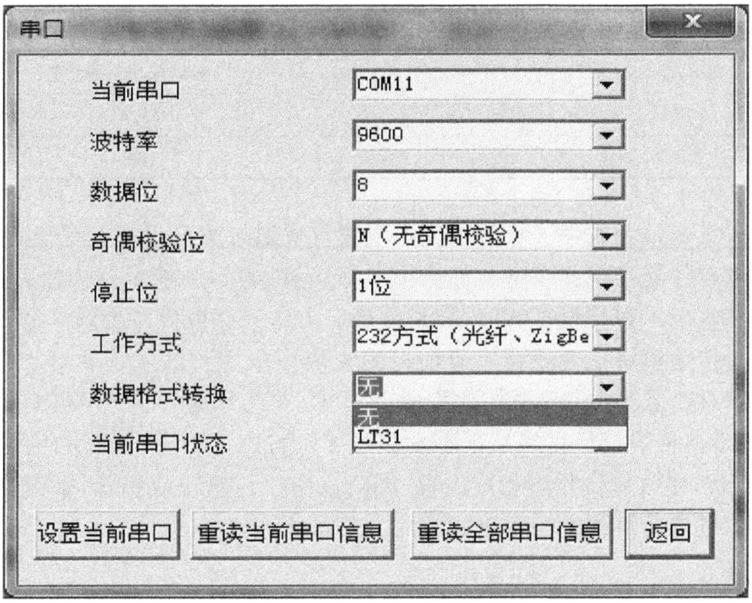

图 E.13　驱动软件 SMOPORT 设备串口信息配置示意图

(3)综合集成硬件控制器主机串口模块及接线线序示意图见图 E.14。

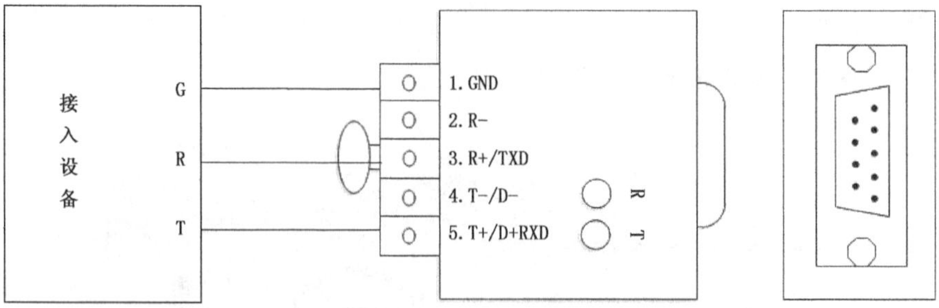

图 E.14　综合集成硬件控制器主机串口模块及接线线序示意图

E.5.1.4　维修流程

维修流程见图 E.15。

E.5.1.5　检测要点

(1)检查 ISOS 软件是否挂接该设备,通信参数配置是否正确。

(2)检查驱动软件 SMOPORT 相应串口配置信息是否正确。

(3)检查接入设备到综合集成硬件控制器主机连接电缆是否存在短路、断路、裸露或接触不良的情况;检查线序及位置是否正确,连接是否良好。连接电缆接触不良容易造成数据时有时无(补收完整)。

注:目前接入设备主要采用 RS232 或 RS485 两种接入方式,RS232 方式采用收、发交叉接入(Tx→Rx,Rx→Tx)方式,RS485 方式采用直连(A→A,B→B)方式接入。接线位置见表 E.7。

表 E.7　接线位置

接入方式	串口模块接线位置
RS232	1,3,5
RS485	1,4,5

(4)检查接入设备是否故障。可直接将各观测设备通过串口(USB 转串口)接到笔记本电脑上,用串口调试软件连接观测设备。如连接通信正常,表示观测设备无故障,如无返回结果或命令接收不正确,表示观测设备有问题,具体检修方法见相应设备维修章节。

(5)检查串口传输模块是否故障。通信控制模块面板数据收发指示灯 R、T,在正常连接情况数据收发时闪烁,若当 ISOS 软件数据收发时 R、T 指示灯不闪烁,需检查设备串口传输模块好坏。可将串口传输模块接线端子收发端短接,通过“串口调试软件”发送任意字符或数字,如图 E.16 所示,接收窗口收到相同内容,说明该串口传输模块正常,否则串口传输模块故障,可用更换串口传输模块或换用空闲通道的方式排除故障。

E.5.1.6　恢复测试

(1)通过业务软件查看监控界面实时数据,确定相关接入设备实时观测数据正常。

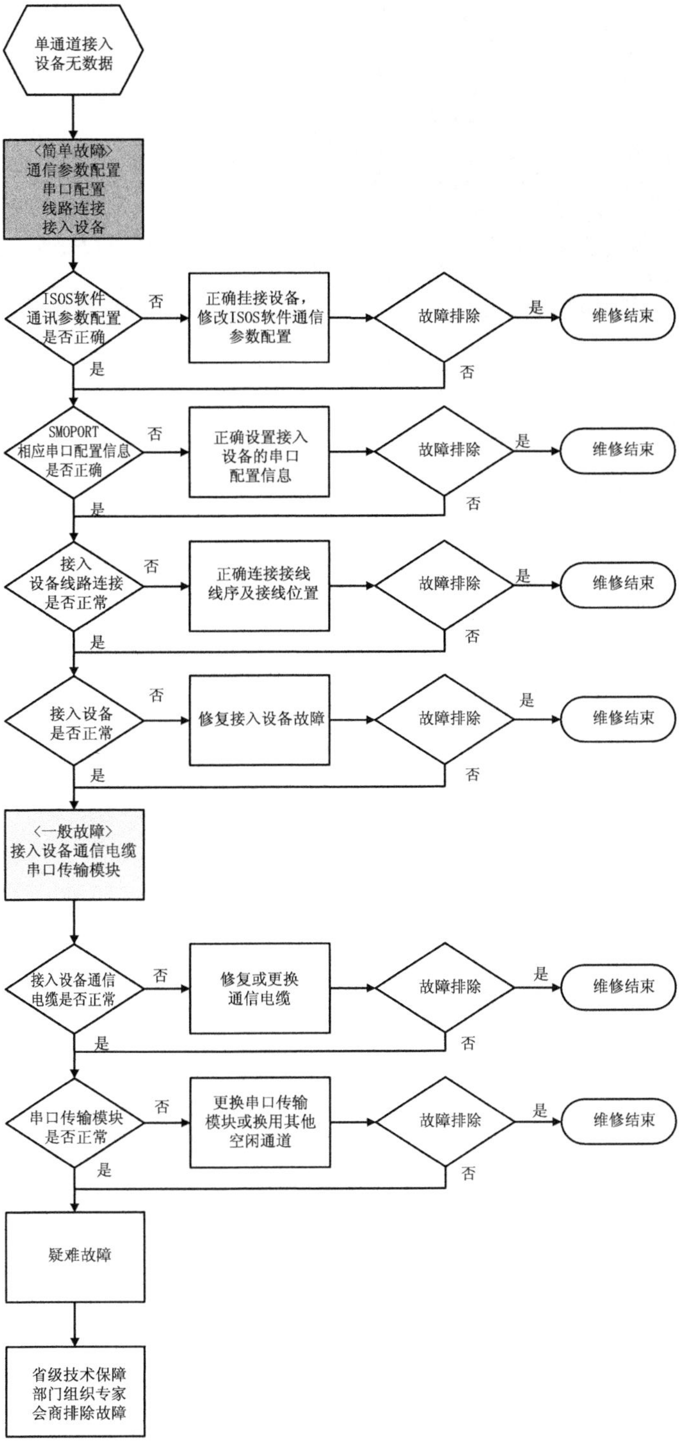
单通道接入设备无数据
〈简单故障〉
通信参数配置
串口配置
线路连接
接入设备
ISOS软件通讯参数配置是否正确
否
正确挂接设备，修改ISOS软件通信参数配置
故障排除
是
维修结束
否
是
SMOPORT相应串口配置信息是否正确
否
正确设置接入设备的串口配置信息
故障排除
是
维修结束
否
是
接入设备线路连接是否正常
否
正确连接接线线序及接线位置
故障排除
是
维修结束
否
是
接入设备是否正常
否
修复接入设备故障
故障排除
是
维修结束
否
是
〈一般故障〉
接入设备通信电缆
串口传输模块
接入设备通信电缆是否正常
否
修复或更换通信电缆
故障排除
是
维修结束
否
是
串口传输模块是否正常
否
更换串口传输模块或换用其他空闲通道
故障排除
是
维修结束
否
是
疑难故障
省级技术保障部门组织专家会商排除故障

图 E.15 维修流程

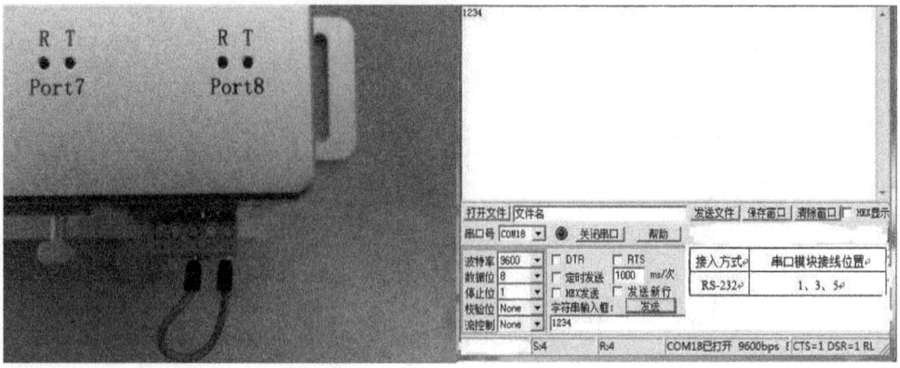

图 E.16　短接端子及串口调试软件示意图

(2)完成恢复测试。

E.5.2　接入设备全部无数据

E.5.2.1　故障现象

接入设备全部无数据。

E.5.2.2　故障分析

全部接入设备无数据，应重点检查影响公共通信的软件系统、参数配置、硬件系统及线路连接等。

可能引起的故障点：

(1)软件故障

1)ISOS 软件配置错误；

2)计算机网络参数配置错误；

3)综合集成硬件控制器驱动软件运行异常；

4)综合集成硬件控制器虚拟串口状态不正常；

5)综合集成硬件控制器串口配置信息错误；

6)计算机 comtonet，nettocom 两个服务状态未开启；

7)局域网内驱动冲突。

(2)硬件故障

1)室内光电转换模块故障；

2)网线及光纤连接故障、网卡故障；

3)供电系统故障；

4)光纤中断；

5)综合集成硬件控制器主机故障。

E.5.2.3　技术依据

接入设备接线图见图 E.17。

E.5.2.4　维修操作

在计算机上 Ping 综合集成硬件控制器的 IP 地址，查看网络是否联通(开始→运行→在文

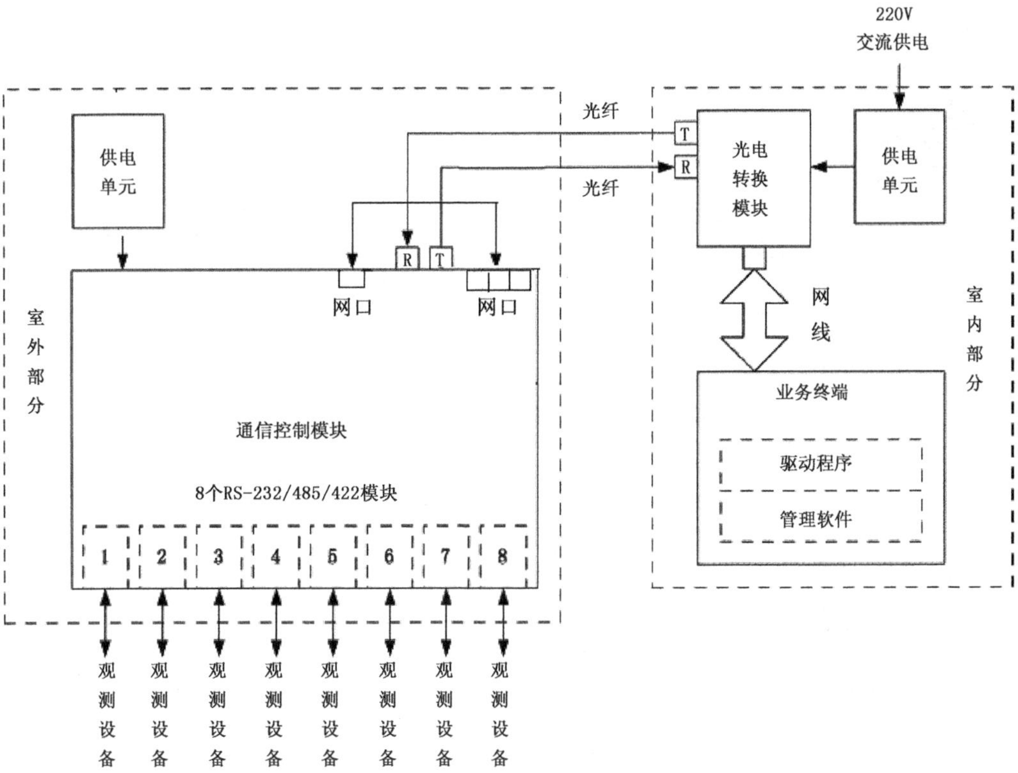

图 E.17　接入设备接线图

本框输入 Ping ×.×.×.× —t)，分别按照 Ping 不通设备（超时）和 Ping 通设备，进行维修操作。业务用机 Ping 综合集成硬件控制器地址时，如果存在延时过大、丢包较多的情况，参照"Ping 不通设备"故障处理。

E.5.2.4.1　Ping 不通设备维修流程

Ping 不通设备维修流程见图 E.18。

E.5.2.4.2　Ping 不通设备检测要点

(1)检查网络配置，查看 RJ45 网口指示灯是否闪烁，检查网线连接是否正常，检查网线、网卡是否故障。

(2)检查通信转换单元供电情况，如果交流输入不正常，修复市电输入。如果交流输入正常，直流输出不正常，需更换电源转换模块。

(3)检查光纤连接情况（正常状态：TX 常亮、RX 闪亮）。如光纤指示灯 TX、RX 不亮，断电重启设备，在上电时观察光纤指示灯是否闪烁，若闪烁说明光纤指示灯没有损坏。使用测光笔等工具检查光纤是否正常。用替换法排除光电转换器故障。

(4)查看综合集成硬件控制器主机面板 PWR1 和 PWR2 指示灯状态，常亮表示供电正常。若同时不亮，检查电源插头连接情况、检查供电电源的电压是否达到 DC 9～13V，如图 E.19 所示。在供电正常的情况下，PWR1 和 PWR2 指示灯同时或单独熄灭，如设备能够正常工作，说明电源指示灯损坏；如设备不能正常工作，则综合集成硬件控制器主机故障。

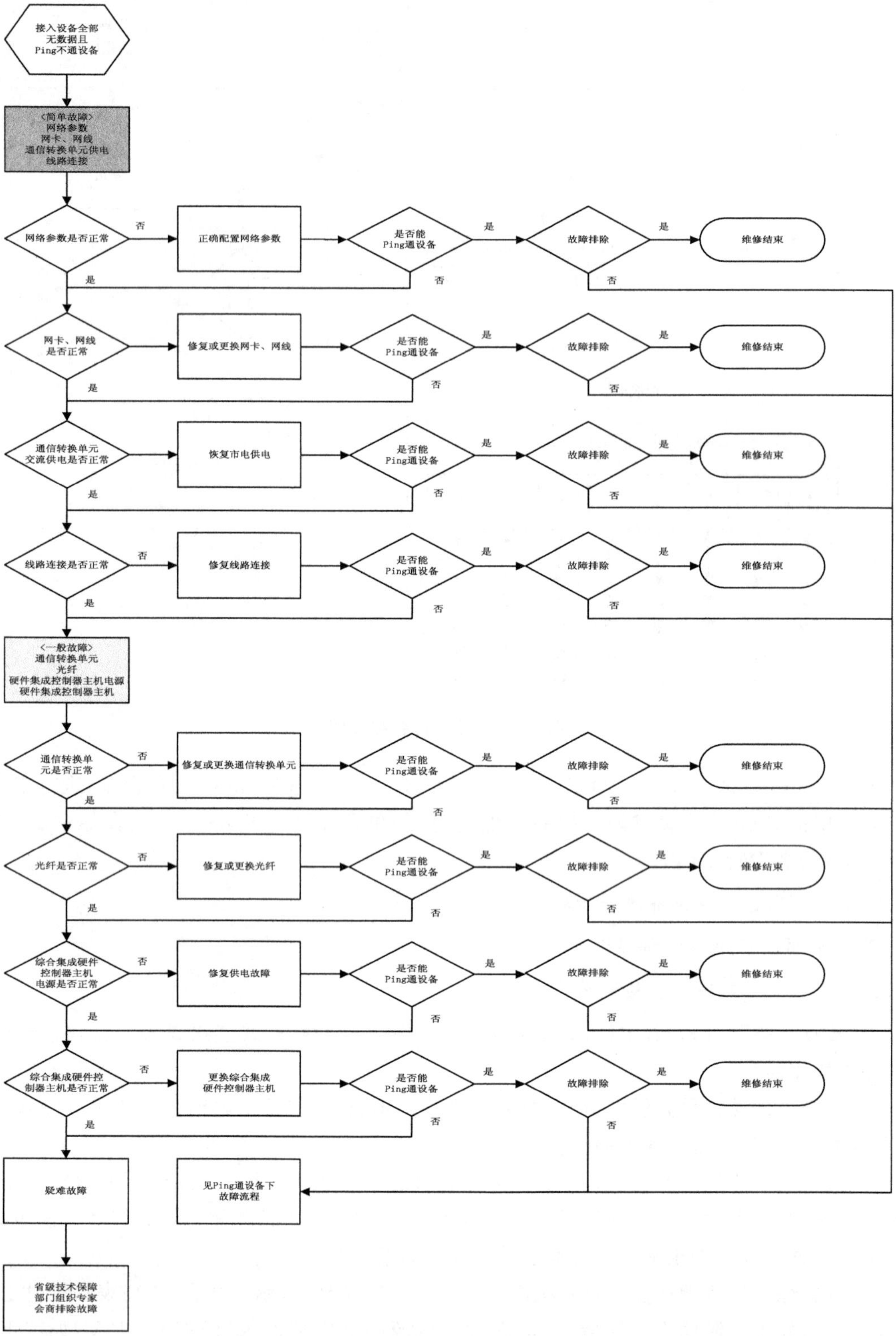

图 E. 18　接入设备全部无数据(Ping 不通设备)故障维修流程

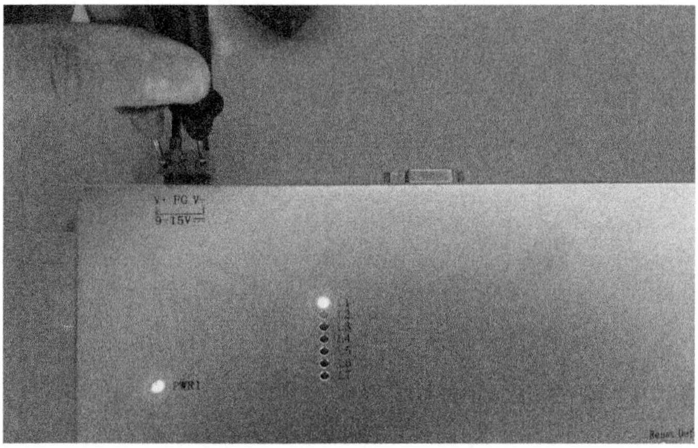

图 E. 19 供电电压测量示意图

(5)检查通信控制模块面板系统状态指示灯 L1 灯,L1 闪烁表示通信控制模块运行正常,如不亮,表示系统未启动,使用一根回形针插入 RESET 孔内,长按 1 秒钟,对综合集成硬件控制器主机复位,或断电重启,如仍不正常,可按面板 default 按键,长按 5 秒钟,强制将综合集成硬件控制器主机恢复到出厂设置,正确配置有关参数后,如仍不正常,更换综合集成硬件控制器主机。

E. 5. 2. 4. 3 Ping 通设备维修流程

Ping 通设备维修流程见图 E. 20。

E. 5. 2. 4. 4 Ping 通设备检测要点

(1)当数据没有收发时,需要检查 comtonet,nettocom 两个服务的状态是否开启。驱动软件 SMOPORT 升级或业务机上开启杀毒软件均可导致网络通信服务 comtonet,nettocom 丢失,网络通信服务丢失后需重新安装 SMOPORT 软件。

(2)检查 ISOS 软件配置是否正确。关闭 ISOS 软件,打开串口调试软件,选择相应的端口号直接向设备发送合法指令,若应答正常,则说明业务软件存在问题,重新检查 ISOS 软件配置或重新安装软件。

(3)一个局域网内只允许一台电脑访问综合集成硬件控制器,否则会导致数据收发异常。另外,Windows 防火墙关闭的情况下,能保证设备数据的稳定传输。建议关闭 Windows 防火墙。

(4)驱动软件 SMOPORT 能够正常连接设备,但无数据传输。应检查设备端口 8000 与网络通信服务两端口 4002、4004 是否建立连接。可使用 netstat 命令进行测试,操作步骤指令操作步骤:开始→搜索窗口输入 cmd,在文本框输入 netstat ×. ×. ×. ×。后缀为 ESTABLISHED 表示连接正常,否则连接不正常需更换综合集成硬件控制器 IP 地址。

(5)驱动软件 SMOPORT 连接设备情况。在 Ping 命令能够 Ping 通设备的情况下驱动软件 SMOPORT 连接异常,需重新安装;检查驱动软件 SMOPORT 虚拟串口是否正常。

(6)驱动软件 SMOPORT 连接成功后,需检查相应串口配置信息,需正确配置通信方式及波特率等信息。

(7)经以上检查,仍不能排除故障,需更换综合集成硬件控制器主机。

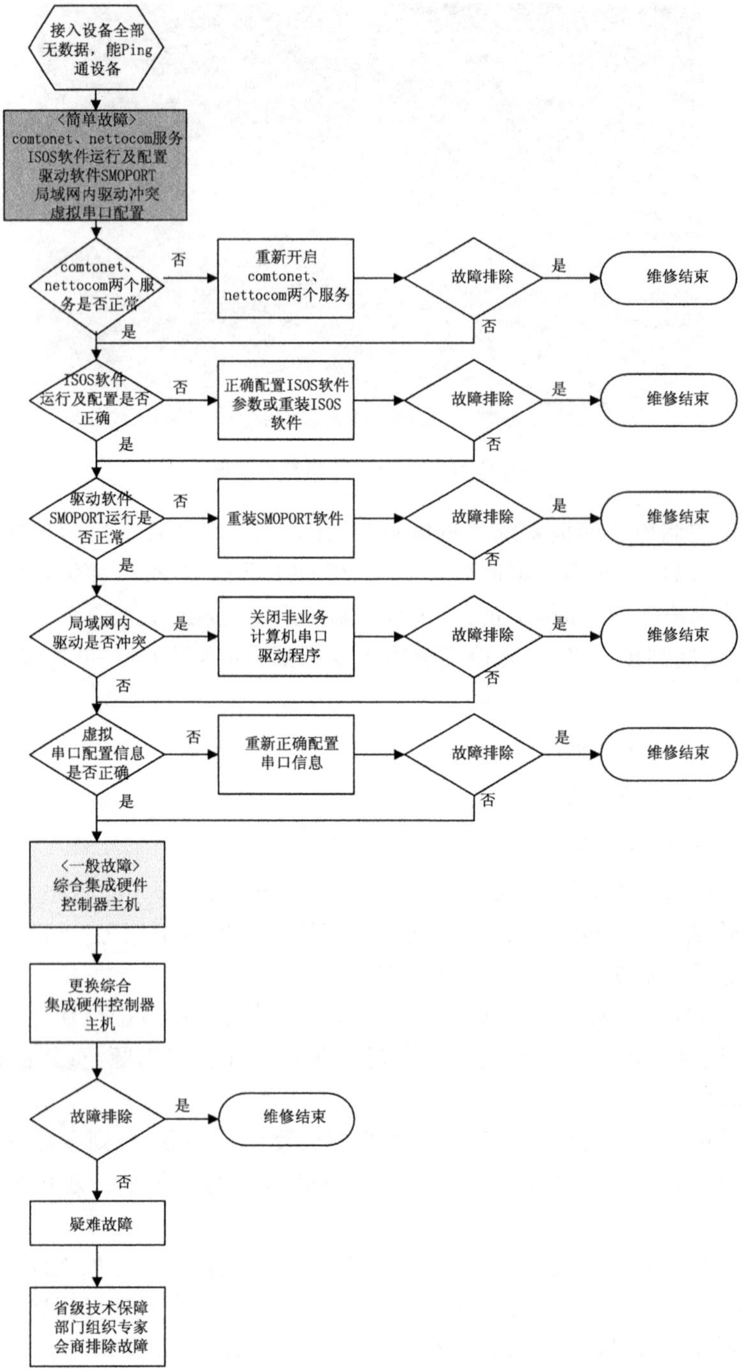

图 E.20　接入设备全部无数据(Ping 通设备)故障维修流程

E.5.2.5　恢复测试

(1)通过业务软件查看监控界面实时数据，确定相关接入设备实时观测数据正常。

(2)完成恢复测试。

E. 5. 3　电源系统故障

E. 5. 3. 1　故障现象

电源系统直流输出异常。

E. 5. 3. 2　故障分析

电源系统可分交流、直流两部分。首先检查自动站交流电输入是否正常，然后排查因器件故障或线路连接错误引起的空气开关闭合失败；直流部分主要排查因器件故障或线路连接错误造成的电源转换模块过流保护，没有直流输出。

注意：市电的电压为 AC 220V，具有一定的危险性，在检修过程中注意安全。

引起该故障的原因可能有：

(1)市电输入异常；

(2)自动站空气开关故障或意外跳闸；

(3)防雷模块被击毁或自动保护；

(4)刀片开关故障、保险管熔断；

(5)电源转换模块故障；

(6)自动站蓄电池故障；

(7)因器件或连接线路引起的断路、短路故障。

E. 5. 3. 3　技术依据

电源系统接线图见图 E. 21。电源转换模块(交流充电控制器)输出电压 DC 13. 8V 左右。

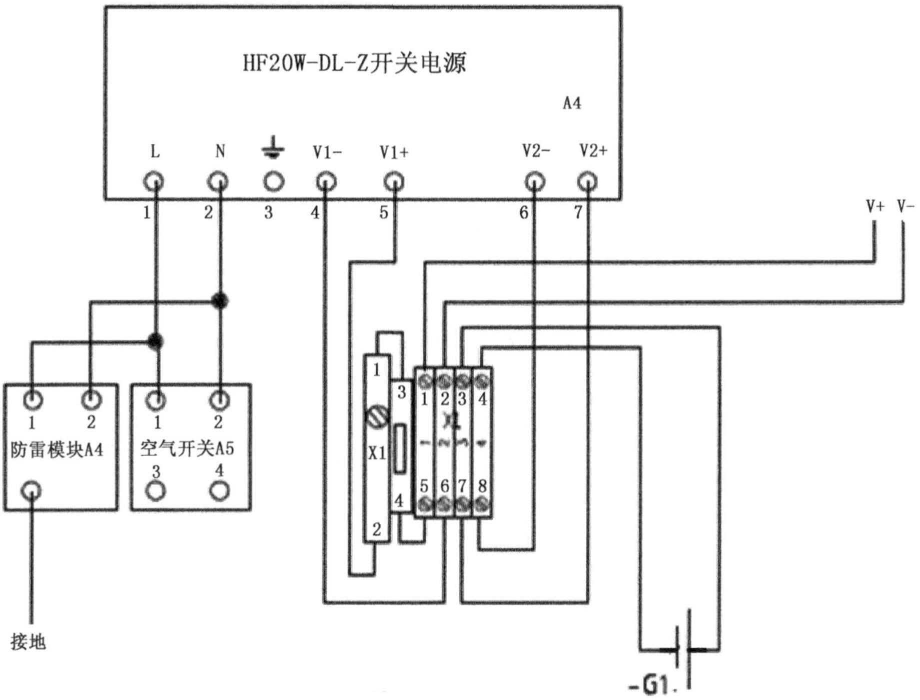

图 E. 21　电源系统接线图

E.5.3.4 维修流程

电源系统维修流程见图 E.22。

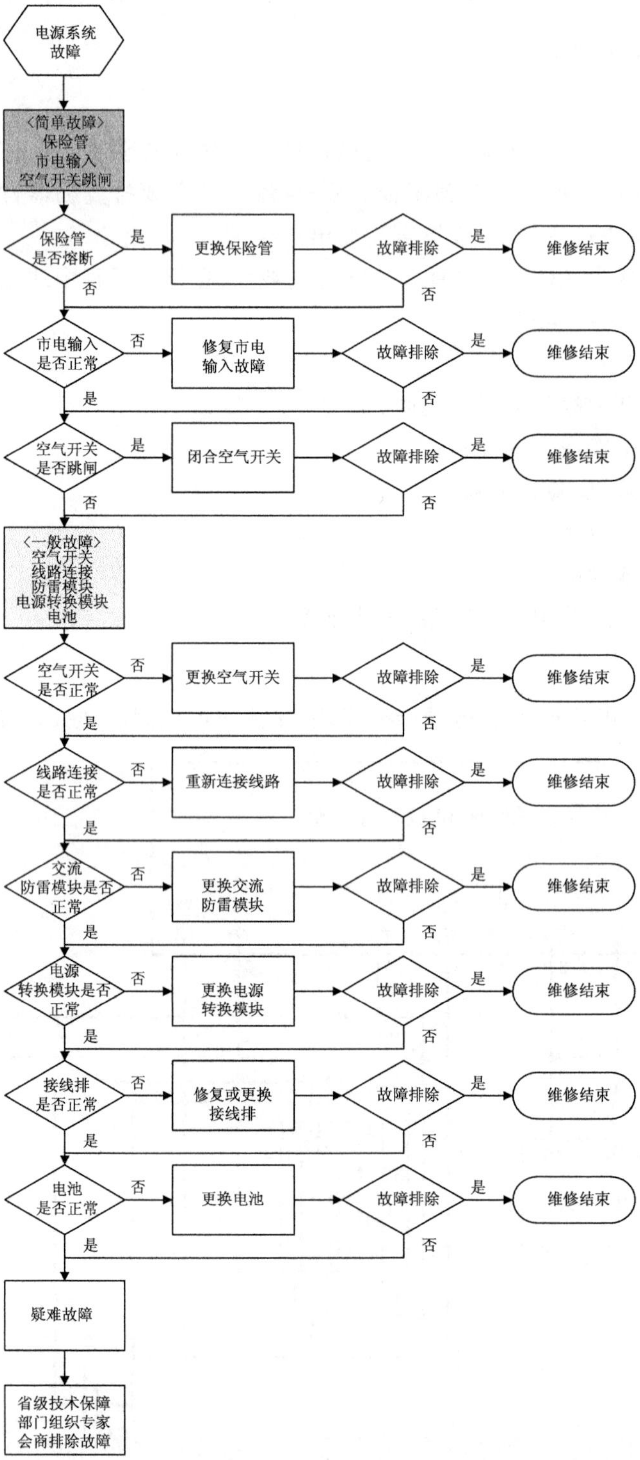

图 E.22 电源系统故障维修流程

E. 5. 3. 5　检测要点

检查市电输入是否正常:用万用表 AC 挡测量空气开关输入端电压是否为 AC 220V±20%,若不是,依次检查输入市电线路、UPS 等。

检查空气开关是否跳闸:检查空气开关是否在 ON 位置,若不是,尝试做合闸处理。若合闸失败则应检查交流防雷模块、电源转换模块及连接线路,排除短路引起的故障。

如果空气开关闭合后,输出电压不正常,则空气开关故障需更换。如果空气开关输出电压正常,电源转换模块交流输入端无 AC 220V,检查交流部分线路连接找到断路点并修复。

检查电源转换模块是否正常:电源转换模块额定输出 DC 13.8V,如果电源转换模块交流电压输入正常,而直流输出异常,首先检查排除直流线路的短路故障以免烧毁电源转换模块。如果确认无短路故障而电源转换模块直流输出异常,则电源转换模块故障需更换。

如果电源系统直流输出异常,依次测量刀片开关、保险管、直流电源接线排的输入输出端的 DC 13.8V 是否正常,排查找出引起直流供电异常的故障器件或不良连接。注意保险管座上的指示灯正常情况下不亮,如果红色常亮则保险管熔断需更换。

供电单元的蓄电池在达到使用寿命或者过度放电后性能下降,会导致失去后备电源的功能,需更换同规格蓄电池。

E. 5. 3. 6　恢复测试

电源系统输出 DC 13.8V 左右,负载正常运行,则电源系统故障恢复。

E. 6　硬件置换

硬件置换首先要保证人身安全,其次要避免损坏硬件设备。置换时注意以下几点:(1)要防静电;(2)要在系统断电状态下进行;(3)操作过程中不能损伤邻近部件;(4)新更换部件必须原位固定牢固;(5)通电之前要全面检查。硬件置换主要涉及 DPZ1 型综合集成硬件控制器主机、串口传输模块、室内光电转换模块、电源系统及各种连接电缆等。

E. 6. 1　DPZ1 型综合集成硬件控制器主机

DPZ1 型综合集成硬件控制器主机示意图见图 E. 23。

E. 6. 1. 1　置换流程

(1)断开交、直流电源,拔下左上角绿色供电端子。

(2)从光纤收发接口拔下光纤,从两个 RJ45 接口分别拔下网线。

(3)将连接设备的接线端子从 Port 口上依次拔下。

(4)先拆下底部 2 个固定螺丝,再拆上部 2 个固定螺丝,将 DPZ1 型综合集成硬件控制器主机取下。

(5)将新的综合集成硬件控制器主机固定到机箱底板上,并将四角的固定螺丝紧固。

(6)将短网线、光纤、设备接线端子、供电端子依次接回原位置,注意光纤收发不要接反。

(7)检查全部接线,确保线序正确,接触良好。

(8)闭合刀片开关,打开空气开关,观察综合集成硬件控制器主机工作状态是否正常。重新对综合集成硬件控制器进行相应参数配置。

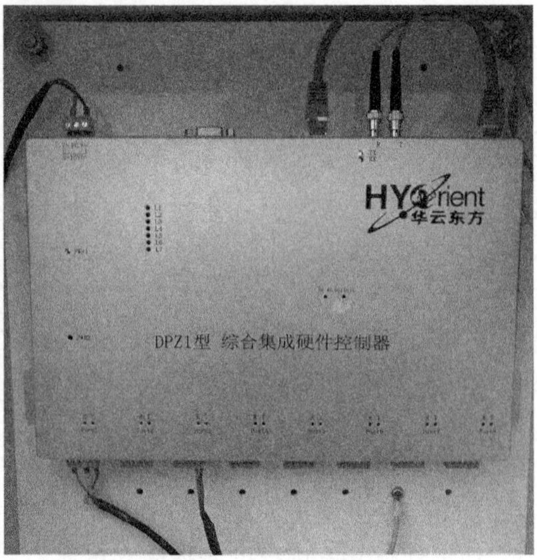

图 E.23　DPZ1型综合集成硬件控制器主机示意图

(9)完成综合集成硬件控制器主机置换。

E.6.1.2　恢复测试

(1)通过业务软件查看监控界面实时数据,确定相关接入设备实时观测数据正常。

(2)完成恢复测试。

E.6.2　串口传输模块

串口传输模块示意图见图 E.24。

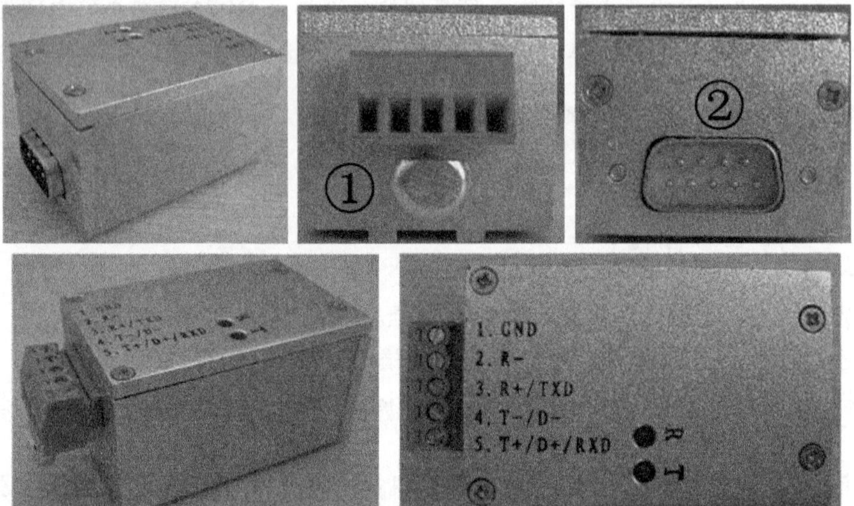

①5位可插拔接线端子(接入观测设备)

②DB9公口(引脚自定义)(接入通信控制模块)

图 E.24　串口传输模块示意图

E. 6. 2. 1　硬件置换流程

(1)断开交、直流电源。

(2)将 Port1 口至 Port8 口上的接线端子拔下,拔下后露出挡条的 2 个安装螺丝。

(3)依次拆下固定挡条的 3 个固定螺丝,取下挡条。

(4)将拟更换串口传输模块从综合集成硬件控制器上慢慢拔下。

(5)将新的串口传输模块插回到相应的 Port 口上,安装并固定挡条,将 Port1 口至 Port8 口上的接线端子按原顺序插回。

(6)闭合刀片开关,打开空气开关。

(7)完成串口传输模块置换。

E. 6. 2. 2　恢复测试

(1)通过业务软件查看监控界面实时数据,确定相关接入设备实时观测数据正常。

(2)完成恢复测试。

E. 6. 3　室内光电转换模块

室内光电转换模块示意图见图 E. 25。

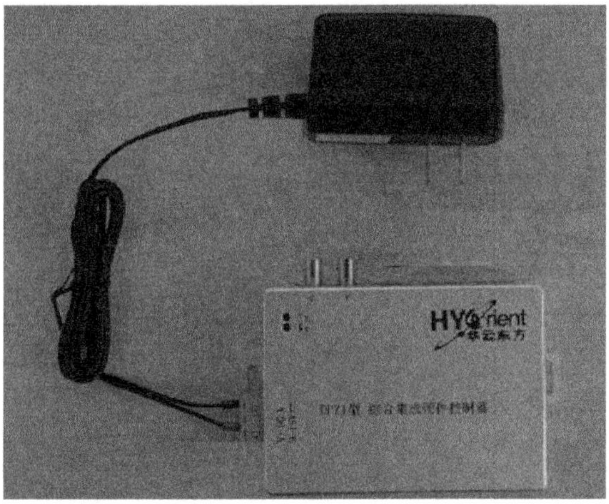

图 E. 25　通信转换单元示意图

E. 6. 3. 1　硬件置换流程

(1)断开交流电源,从光纤收发接口拔下光纤,从 RJ45 接口拔下网线。

(2)将新的串口光纤转换模块换上,并用螺丝固定,将供电端子插回。

(3)接通交流电源。

(4)完成室内光电转换模块置换。

E. 6. 3. 2　恢复测试

(1)通过业务软件查看监控界面实时数据,确定接入设备实时观测数据正常。

(2)完成恢复测试。

E.6.4 电源系统

见 A.3 电源系统。

E.6.5 线缆(电缆、光缆)

见 A.6 线缆(电缆、光缆)置换。

E.7 软件及参数配置

E.7.1 驱动软件功能及安装

综合集成硬件控制器驱动软件目前支持 Windows XP、WIN7(32 位、64 位)、Windows Server 2008 等操作系统。注意:安装前请关闭所有杀毒软件及安全卫士,安装完成后需重启计算机。

驱动软件主要实现 3 部分功能:①虚拟串口的安装,分配 8 个串口号;②两个网络通信服务的安装与注册,即 nettocom(由综合集成硬件控制器向主机虚拟串口的数据传送)服务与 comtonet(由主机虚拟串口向综合集成硬件控制器的数据传送)服务;③综合集成硬件控制器的管理软件安装,用于实现对综合集成硬件控制器的配置管理。

驱动软件安装注意的问题:①安装过程中会出现的 DOS 对话框,为系统正在注册服务,直至弹出"安装完成"对话框;②安装完成后需重启计算机;③查看虚拟串口是否安装成功。

E.7.2 软件参数配置

配置软件实现搜索设备 IP、连接设备和对设备进行管理的功能。支持网络信息(如 IP、网关等)的动态配置、串口信息如波特率等的动态配置、历史数据下载和设置用户名密码等功能,方便用户对系统进行远程管理与操作。配置软件界面如图 E.26 所示。

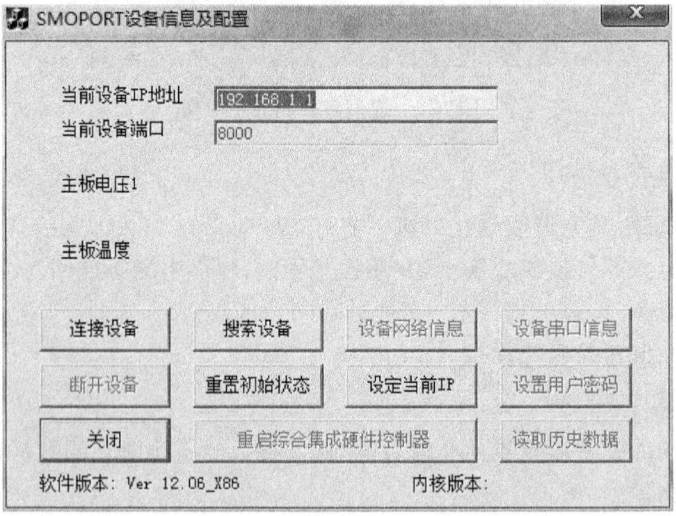

图 E.26 综合集成硬件控制器配置软件界面

E.7.2.1　连接设备

在当前设备 IP 地址中输入想要连接的设备 IP 地址，当前设备端口中默认 8000。首次安装驱动时，可点击主界面中的“设定当前 IP”，将主界面中填写的 IP 设置为下次默认连接默认地址，若不点击“设定当前 IP”，则只为当前暂时使用，下次启动配置软件会自动填写之前默认的 IP 号。

点击“连接设备”即可连接到局域网中相应的设备（注意：设备出厂 IP 设置为 192.168.1.1，首次连接设备前请将计算机 IP 设置成与设备在同一网段，即 192.168.1.X）。

在计算机与综合集成硬件控制器网络连接正常情况，点击“连接设备”后会出现用户名和密码对话框，首次连接设备使用设备默认的用户名和密码（用户名：SMOPORT，密码：123456），可根据操作提示重新设置用户名和密码。

E.7.2.2　搜索设备

点击界面上的搜索设备，默认 IP 搜索范围为本机局域网段；也可手动指定搜索范围，点击界面上的指定搜索 IP 段，则可进行设置。点击指定搜索 IP 段，在“起始 IP”“终止 IP”中输入想要搜索的 IP 段(IP 段的范围可以尽量设置小一些，以便搜索速度更快)，点击“开始搜索”，即可开始搜索局域网内的设备。搜索的结果会显示在界面上的文本框内，搜索到合适的设备后点击“停止搜索”，选中需要的设备 IP，点击“返回”，即可完成搜索，选中的 IP 会自动填写到当前设备 IP 地址框内，可直接使用。

E.7.2.3　设备网络信息

点击“设备网络信息”，出现如图 E.27 所示的界面，该界面可实现网络信息的查询与更改，输入需要的网络配置信息点击“设置设备网络参数”即可完成配置，改变网络信息后需重连系统（注意：首次连接系统请将设备的网络信息设置为与计算机在同一局域网段内，子网掩码和默认网关应与计算机上的设置相同）。

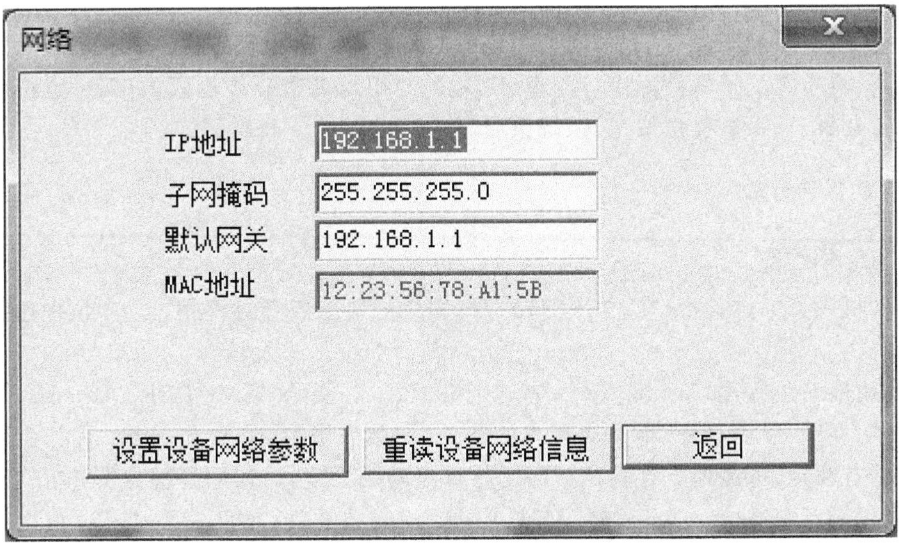

图 E.27　设备网络信息界面

E.7.2.4 设备串口信息

点击“设备串口信息”可进入串口信息的查询与配置界面，如图 E.28 所示。通过下拉按钮选择需要查询或配置的串口号，同样通过下拉按钮设置需要更改的信息，点击“设置当前串口”即可实现相应串口信息的更改，系统在第一次进入串口设置界面和设置成功后会自动执行一次读串口信息操作，系统界面当前显示的状态即为串口的当前状态。

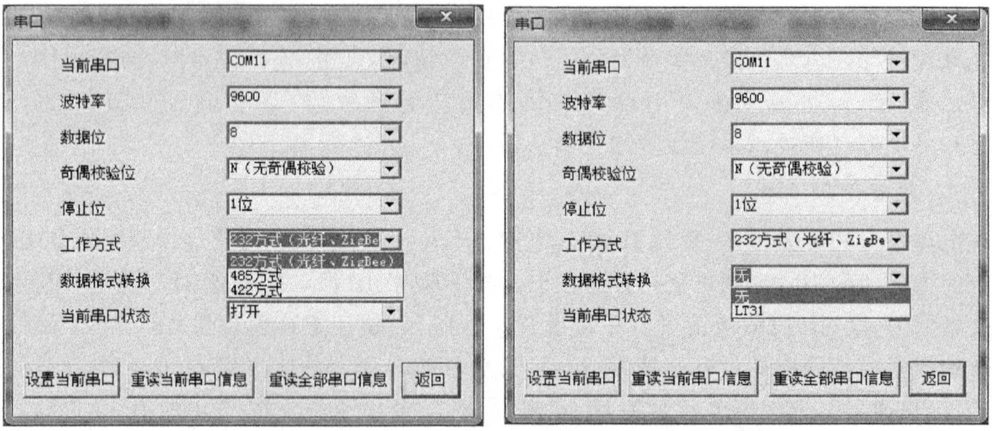

图 E.28 设备串口信息界面

如当前串口需数据格式转换功能（比如当前串口接的设备不支持数据字典的数据格式），可在数据格式转换下拉框内选择当前串口需要转换的设备（目前只支持 LT31 message2 格式转换），选择完成后点设置当前串口，如需取消数据格式转换功能，在数据格式转换下拉框内选择无，点设置当前串口。

E.7.2.5 其他

点击主界面中“断开设备”即可断开与设备的连接；点击“关闭”即可关闭配置软件；点击重置初始状态，将重置配置软件里串口信息、IP 地址与用户名密码等设置的信息；点击重启综合集成硬件控制器，同系统复位按键，系统重启。

E.7.3 驱动软件升级

E.7.3.1 操作过程

根据本机操作系统类型（32 位、64 位）选择相应的最新版升级程序，以 64 位操作系统为例进行升级说明。

（1）使用最新版程序 Setup2_06_x64_20160917.exe 卸载“SMOPORTAdmin.exe”软件，选择“除去”，如图 E.29 所示，卸载老版本的软件，卸载完毕后，需要重新启动计算机。如出现无法卸载原有驱动，可能由于计算机程序运行权限问题导致，需使用管理身份进行驱动卸载。

（2）使用最新版 Setup2_06_x64_20160917.exe 安装软件，软件安装注意的问题同 E.7.1 驱动软件功能及安装。

图 E.29　驱动软件卸载界面

E.7.3.2　恢复测试

(1)打开“SMOPORTAdmin.exe”软件，确认软件版本为最新版：Ver 12.06_X64，如图 E.30 所示。

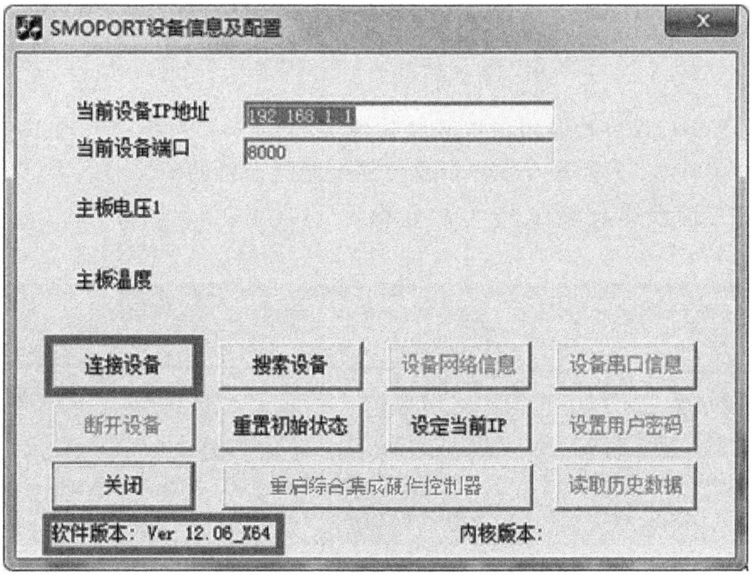

图 E.30　驱动软件版本查看界面

(2)综合集成硬件控制器进行相应参数配置，通过 ISOS 软件读取实时采集数据，数据恢复正常。

(3)完成恢复测试。

E.7.4　内核软件升级

E.7.4.1　操作过程

以 VZ2.03 版本升级到 VZ2.06 版为例进行升级说明。

(1)记录当前设备 IP 地址和内核版本,如图 E.31 所示。

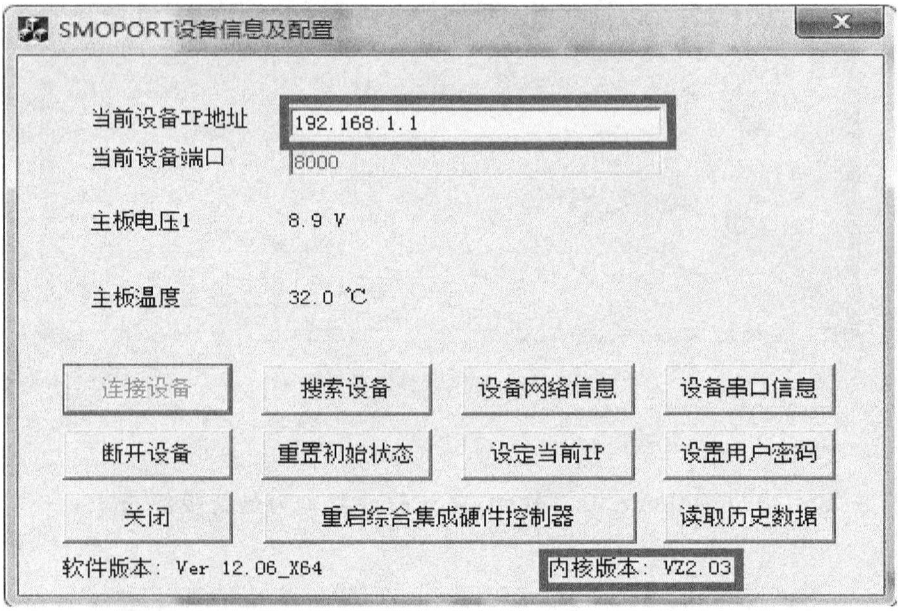

图 E.31　设备 IP 地址和内核版本查看界面

(2)运行"综合集成硬件控制器内核升级软件 V206.exe",系统会自动识别升级前综合集成硬件控制器内核版本,手动输入综合集成硬件控制器设备的 IP 地址,需与 SMOPORTAdmin.exe 软件中"当前设备 IP 地址"一致。如图 E.32 所示。

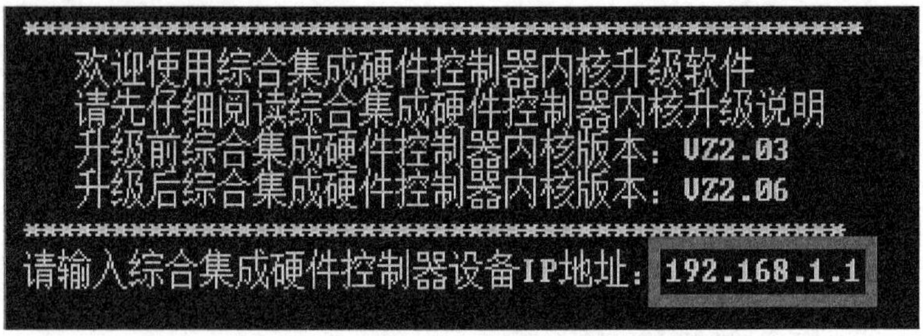

图 E.32　综合集成硬件控制器内核版本升级界面

(3)升级成功后,如图 E.33 所示。

(4)使用"SMOPORTAdmin.exe"软件里的"重启综合集成硬件控制器"按钮,重启综合集成硬件控制器设备。

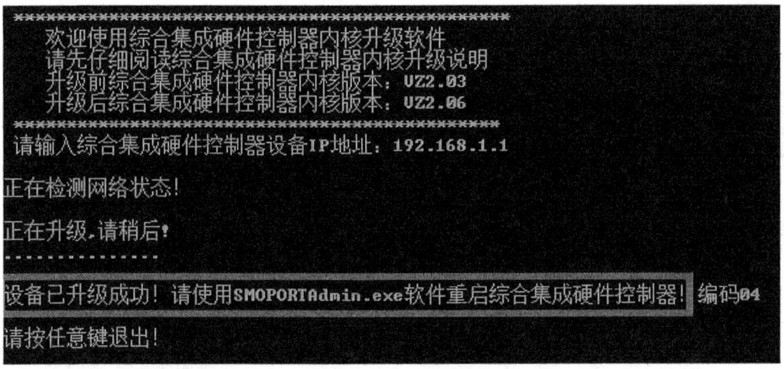

图 E. 33　综合集成硬件控制器内核版本升级成功界面

(5)输入用户名和密码后，确认重启综合集成硬件控制器，然后系统会自动断开与综合集成硬件控制器设备的网络连接，等待 30 秒，综合集成硬件控制器设备重启，综合集成硬件控制器内核升级完毕。

E. 7. 4. 2　恢复测试

(1)使用“SMOPORTAdmin. exe”软件里的“连接设备”按钮连接综合集成硬件控制器设备，确认内核版本为最新版：VZ2. 06。如图 E. 34 所示。

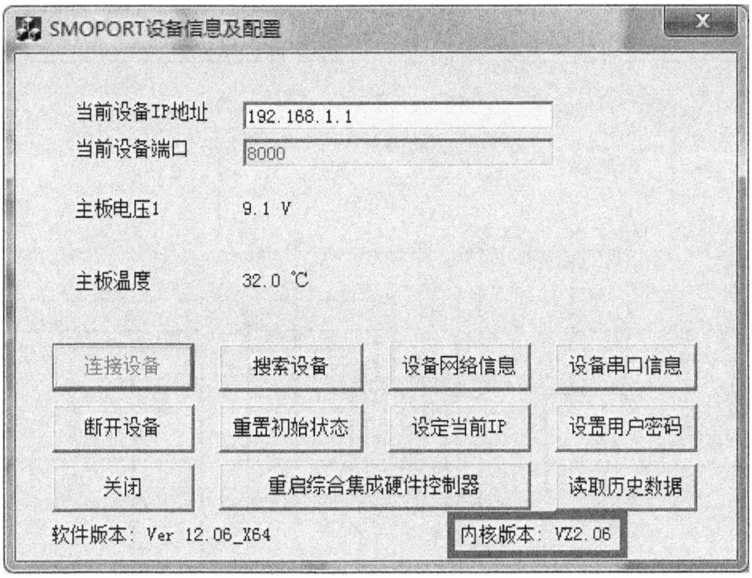

图 E. 34　内核版本查看界面

(2)通过 ISOS 软件读取实时采集数据，数据恢复正常。

(3)完成恢复测试。

E. 8 附图

E. 8. 1 综合集成硬件控制器接线图室外部分

综合集成硬件控制器接线图室外部分见图 E. 35。

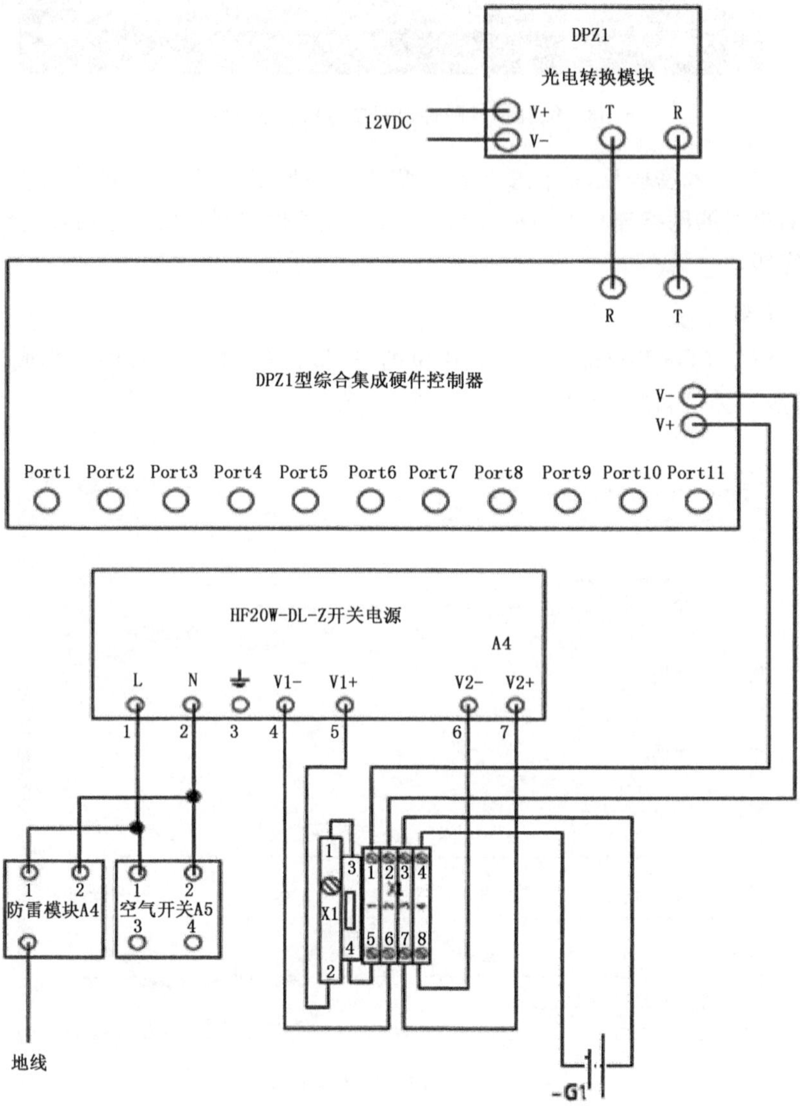

图 E. 35 综合集成硬件控制器接线图室外部分

E. 8. 2　综合集成硬件控制器主机示意图

综合集成硬件控制器主机示意图见图 E. 36。

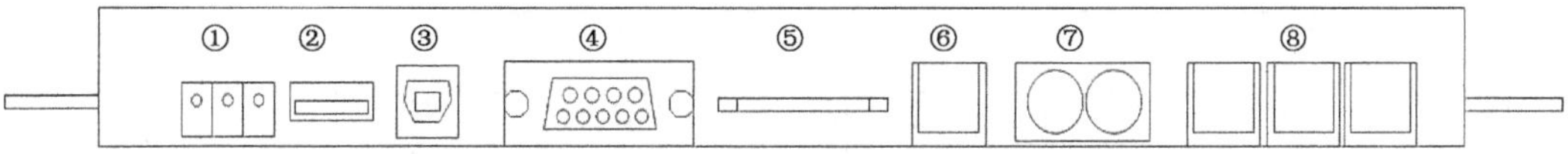

①3位可插拔接线端子（DC～15V供电接口）
②USB母口（A型）（预留）
③USB母口（B型）（调试接口）
④RS-232 DB9母口（调试接口）
⑤SD卡插槽（数据存储）
⑥RJ45接口（8串口转以太网）
⑦ST光纤收发接口（1300nm多模光纤）
⑧3个RJ45接口（以太网转光纤）

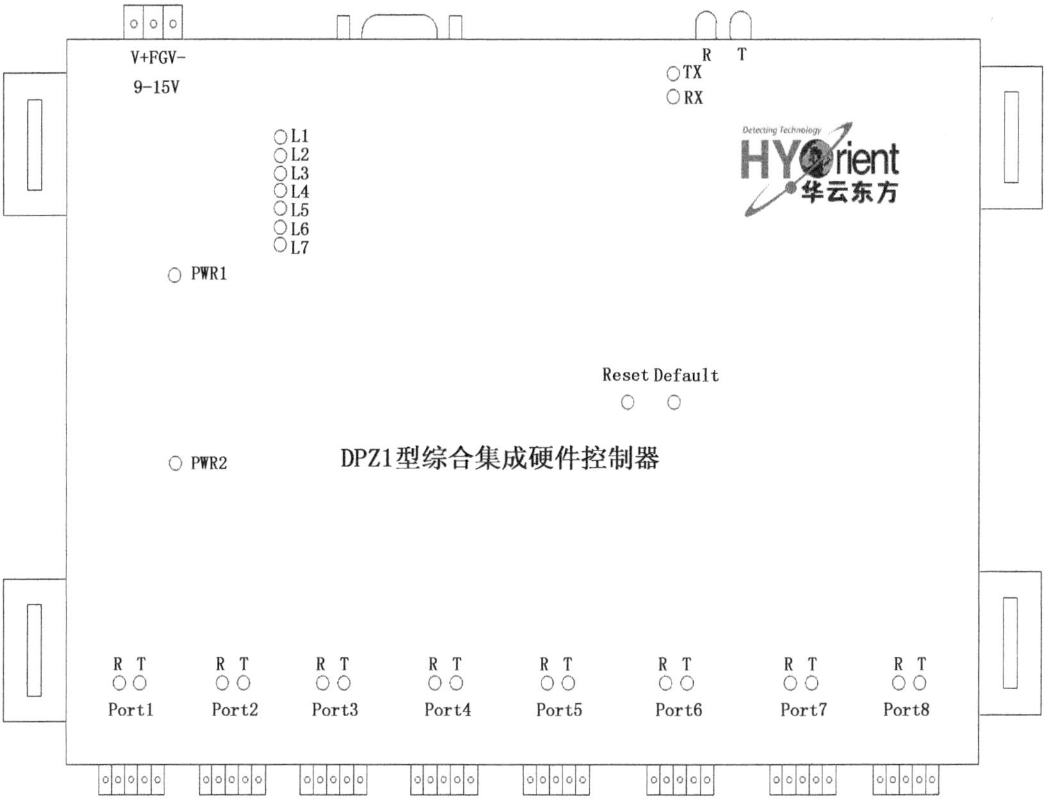

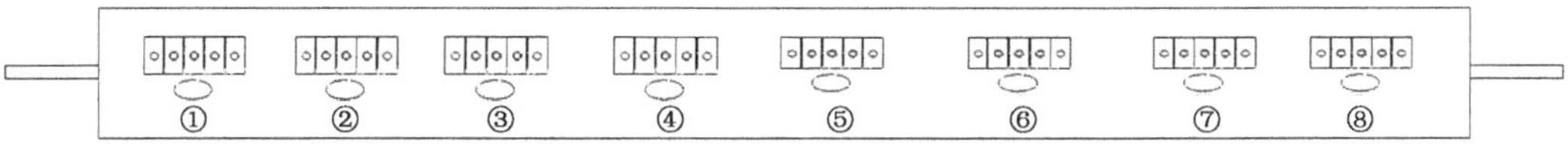

① 接入：观测设备（RS-232/485/422）PORT1
② 接入：观测设备（RS-232/485/422）PORT2
③ 接入：观测设备（RS-232/485/422）PORT3
④ 接入：观测设备（RS-232/485/422）PORT4
⑤ 接入：观测设备（RS-232/485/422）PORT5
⑥ 接入：观测设备（RS-232/485/422）PORT6
⑦ 接入：观测设备（RS-232/485/422）PORT7
⑧ 接入：观测设备（RS-232/485/422）PORT8

图 E. 36　综合集成硬件控制器主机示意图

E. 8. 3　综合集成硬件控制器光电转换模块示意图

综合集成硬件控制器光电转换模块示意图见图 E. 37。

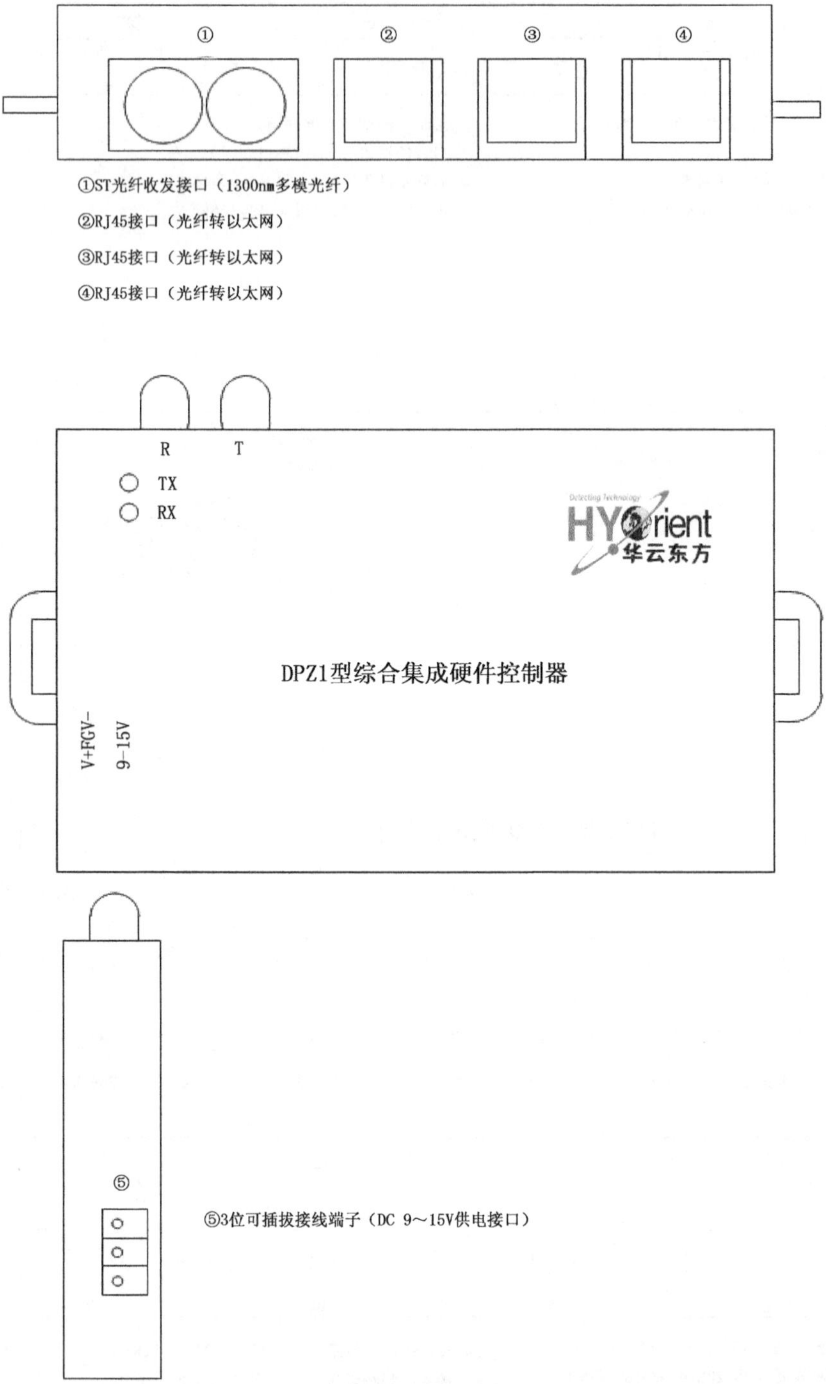

图 E. 37　综合集成硬件控制器光电转换模块示意图

附录 F　DNQ3 型前向散射式能见度仪

F.1　设备概况

F.1.1　概述

DNQ3 型前向散射能见度仪是一种大气监测仪器，用于测量能见度（气象光学视程 MOR）。它采用微处理器控制发出红外光脉冲，测量大气中悬浮粒子的前向散射光强度，采用适当的算法将测量值转换成气象能见度值。

F.1.2　设备外观及结构

能见度仪（以下简称“传感器”）由发射组件、接收组件、遮光罩、传感器横臂、采集控制盒等组成（图 F.1）。

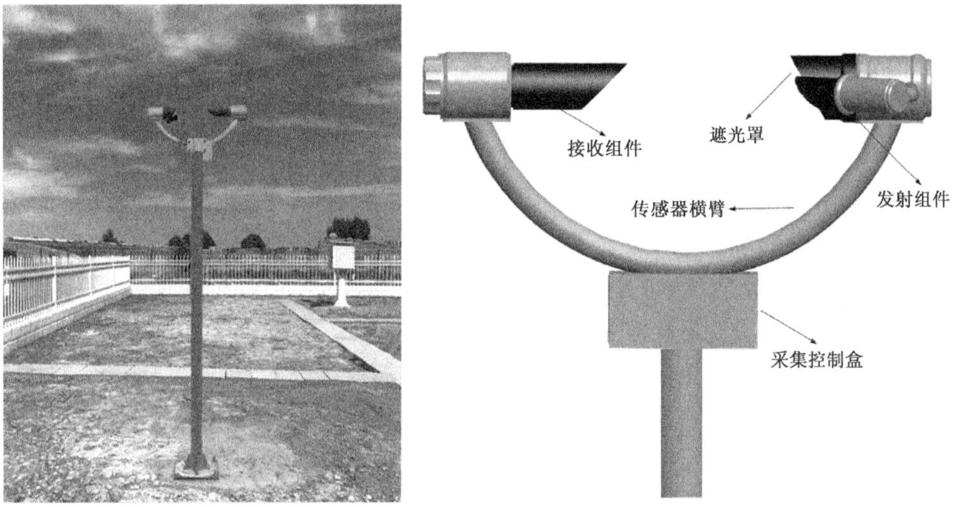

图 F.1　能见度仪外观及结构

F.1.3　传感器组成部分介绍

F.1.3.1　采集控制盒组成

控制盒内有两个模块：控制处理模块和光电接收模块（图 F.2）。

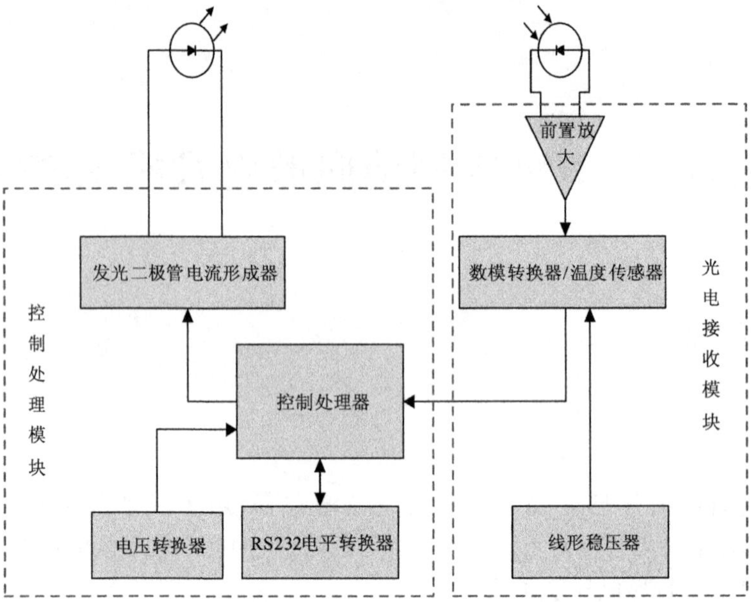

图 F.2 采集控制盒功能结构

F.1.3.2 传感器线缆颜色定义

传感器线缆颜色定义见表 F.1。

表 F.1 传感器线缆颜色定义

线缆颜色	紫	黑	红	白	蓝	棕	黄
定义	DC 12V	GND	TX	RX	SGND	12V	GND

F.1.3.3 传感器供电

传感器由 DZZ6 自动气象站电源箱供电，额定输入 DC 12V。

F.1.3.4 传感器光学测量原理

发射组件通过红外发光二极管发出一束中心波长为 0.88μm 的红外光射入大气中，接收组件将采样区内大气的前向散射光会聚到硅光电传感器的接收面上，并将其转换为电信号(图 F.3)。此信号经处理后送至电源/控制器的数采板，经 CPU 取样和计算后得到能见度值，再通过 RS232 和用户计算机通信。

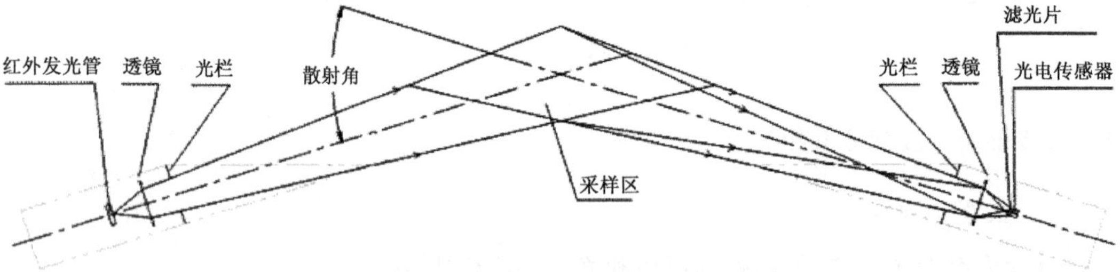

图 F.3 光学测量示意图

F.2　设备配置清单

设备配置清单见表F.2。

表F.2　设备配置清单

序号	部件名称	规格型号	备注
1	能见度传感器	DNQ3	禁拆部件
2	能见度立柱	2.8m	
3	安装结构件		
4	能见度电缆	20m	
5	1.5m接地线		

F.3　技术参数

技术参数见表F.3。

表F.3　技术参数

序号	项目类型	技术指标	备注
1	测量范围	10～30000m	
2	测量精度	±10%(10～10000m);±20%(10000m～50000m)	
3	更新间隔	1min	
4	供电范围	DC 12V±2V	
5	护罩加热器	1DC 2V,功耗≤60W	选配
6	传感器供电	DC 12V,功耗≤5W	
7	接口类型	RS232,RS485,无线传输等可选	
8	通信参数	波特率600,校验位O,数据位7,停止位1	
9	波长	880nm	
10	带宽	80nm	

F.4　故障维修索引表

故障维修索引表见表F.4。

表 F.4 故障维修索引表

<table>
<tr><th>序号</th><th>故障现象</th><th>故障原因/部位</th><th>解决方案</th><th>故障级别</th></tr>
<tr><td rowspan="9">1</td><td rowspan="9">能见度
数据缺测</td><td>传感器镜头污染</td><td rowspan="3">见 F.5.1</td><td rowspan="3">简单故障</td></tr>
<tr><td>ISOS 软件和采集器参数配置错误</td></tr>
<tr><td>电源线、通信线连接线序错误或接触不良</td></tr>
<tr><td>直流供电故障</td><td rowspan="6">见 F.5.1</td><td rowspan="6">一般故障</td></tr>
<tr><td>电源转换模块故障</td></tr>
<tr><td>通信电缆短路或断路</td></tr>
<tr><td>防雷模块故障</td></tr>
<tr><td>传感器故障</td></tr>
<tr><td>主采集器通道故障</td></tr>
<tr><td rowspan="5">2</td><td rowspan="5">能见度
数据异常</td><td>传感器朝向改变、传感器护罩或横臂产生形变故障</td><td rowspan="4">见 F.5.2</td><td rowspan="4">简单故障</td></tr>
<tr><td>附近有影响光学测量的干扰源</td></tr>
<tr><td>镜头污染或粘有异物</td></tr>
<tr><td>采集器参数配置错误</td></tr>
<tr><td>传感器故障</td><td>见 F.5.2</td><td>一般故障</td></tr>
</table>

F.5 故障维修

F.5.1 能见度数据缺测

F.5.1.1 故障现象

能见度数据缺测。

F.5.1.2 故障分析

能见度传感器是智能传感器，其采集、处理后的能见度数据，通过 RS232 串口接入主采集器。引起该故障的原因可能有：

(1)参数配置错误；

(2)电源故障；

(3)能见度传感器故障；

(4)通信电缆故障；

(5)防雷模块故障；

(6)主采集器通道故障。

F.5.1.3 技术依据

能见度测量信号接线图如图 F.4 所示。

F.5.1.4 维修流程

维修流程见图 F.5。

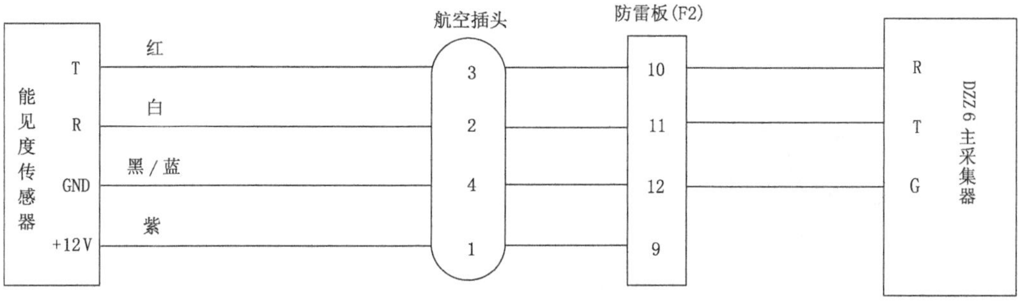

图F.4 能见度信号接线图

F.5.1.5 维修要点

维护情况检查:传感器镜头和护罩内侧是否清洁,如污染需擦拭干净。

参数设置检查:检查ISOS软件是否挂接能见度传感器(详见F.7.1)。通过软件发送命令,检查通道是否开启、质控参数配置是否正确(详见F.7.2)。

连接线路检查:检查能见度传感器供电线路、信号线线序是否正确、接触是否良好。

直流供电检查:在线路连接正常情况下,用万用表DC 20V挡,分别测量能见度直流输入端电压。正常情况下,电压值在DC 12V左右。

通信电缆检查:断开线缆两端连接,用万用表"蜂鸣挡"测量两两芯线间电阻应为无穷大,否则电缆存在短路故障;在线缆一端两两短接芯线,在另一端测量对应一组芯线应有"蜂鸣"声,否则电缆有断路故障。

传感器检查:外观检查无破损、硬伤情况。

信号防雷模块检查:断开所有电源,用万用表测量模块输入、输出端应导通并对地断路,否则防雷模块故障。

以上检查都正常,则可能是主采集器通道故障。

F.5.1.6 恢复测试

通过业务软件监控界面查看实时数据,与人工观测能见度对比,确定能见度观测数据正常。

F.5.2 能见度数据异常

F.5.2.1 故障现象

传感器数据偏大或偏小。

F.5.2.2 故障分析

能见度传感器是智能传感器,其采集、处理后的能见度数据,通过RS232串口接入主采集器。引起此故障的原因可能有:

(1)存在干扰源;

(2)能见度缺少维护;

(3)能见度传感器故障。

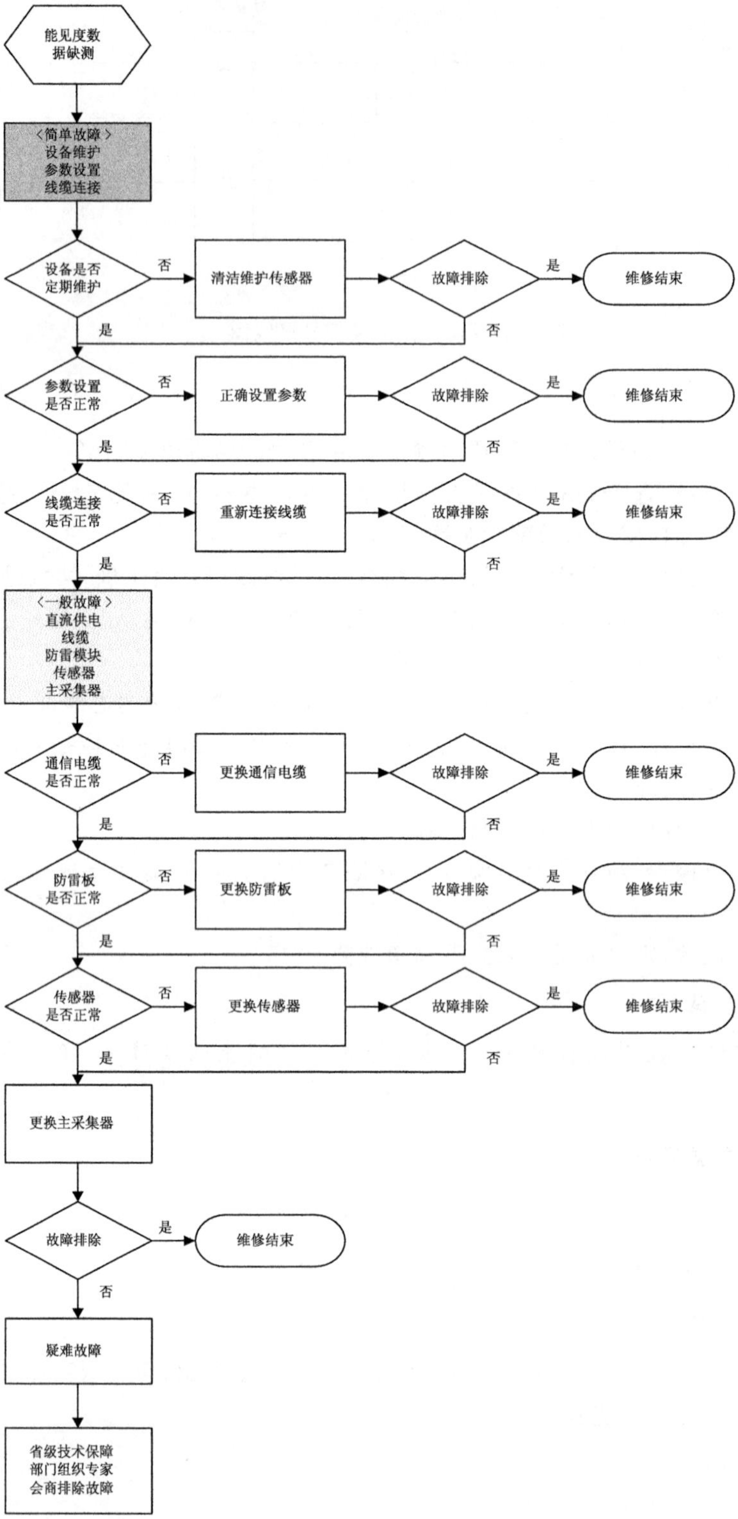

能见度数据缺测
〈简单故障〉
设备维护
参数设置
线缆连接
设备是否定期维护
否
清洁维护传感器
故障排除
是
维修结束
是
否
参数设置是否正常
否
正确设置参数
故障排除
是
维修结束
是
否
线缆连接是否正常
否
重新连接线缆
故障排除
是
维修结束
是
否
〈一般故障〉
直流供电
线缆
防雷模块
传感器
主采集器
通信电缆是否正常
否
更换通信电缆
故障排除
是
维修结束
是
否
防雷板是否正常
否
更换防雷板
故障排除
是
维修结束
是
否
传感器是否正常
否
更换传感器
故障排除
是
维修结束
是
否
更换主采集器
故障排除
是
维修结束
否
疑难故障
省级技术保障部门组织专家会商排除故障

图 F.5　维修流程

F.5.2.3 技术依据

能见度测量信号接线图如图F.6所示。

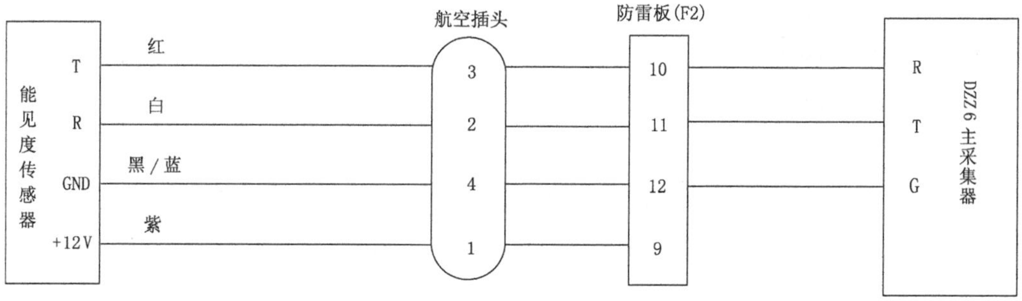

图F.6 能见度信号接线图

F.5.2.4 维修流程

维修流程见图F.7。

F.5.2.5 维修要点

朝向、护罩检查:检查接收器朝向,如变化须调整复位;当外力或机械损坏改变或削弱了光学测量路径(即接收器或变送器护罩或者支撑接收器或变送器的横臂产生形变)时,则必须更换传感器。

干扰源排查:光学取样区有无障碍物,接收光路中有无干扰光源;附近有无污染源。

清洁维护:定期检查镜头,必要时进行清洗。清洗步骤:用异丙醇润湿无绒软布后擦拭镜头,注意不要刮伤镜头表面。确保护罩内和镜头没有冷凝水、树叶、积雪或积冰。擦去护罩内表面和外表面的灰尘。

传感器检查:外观检查无破损、硬伤情况。

F.5.2.6 恢复测试

通过业务软件监控界面查看实时数据,与人工观测能见度对比,确定能见度观测数据正常。

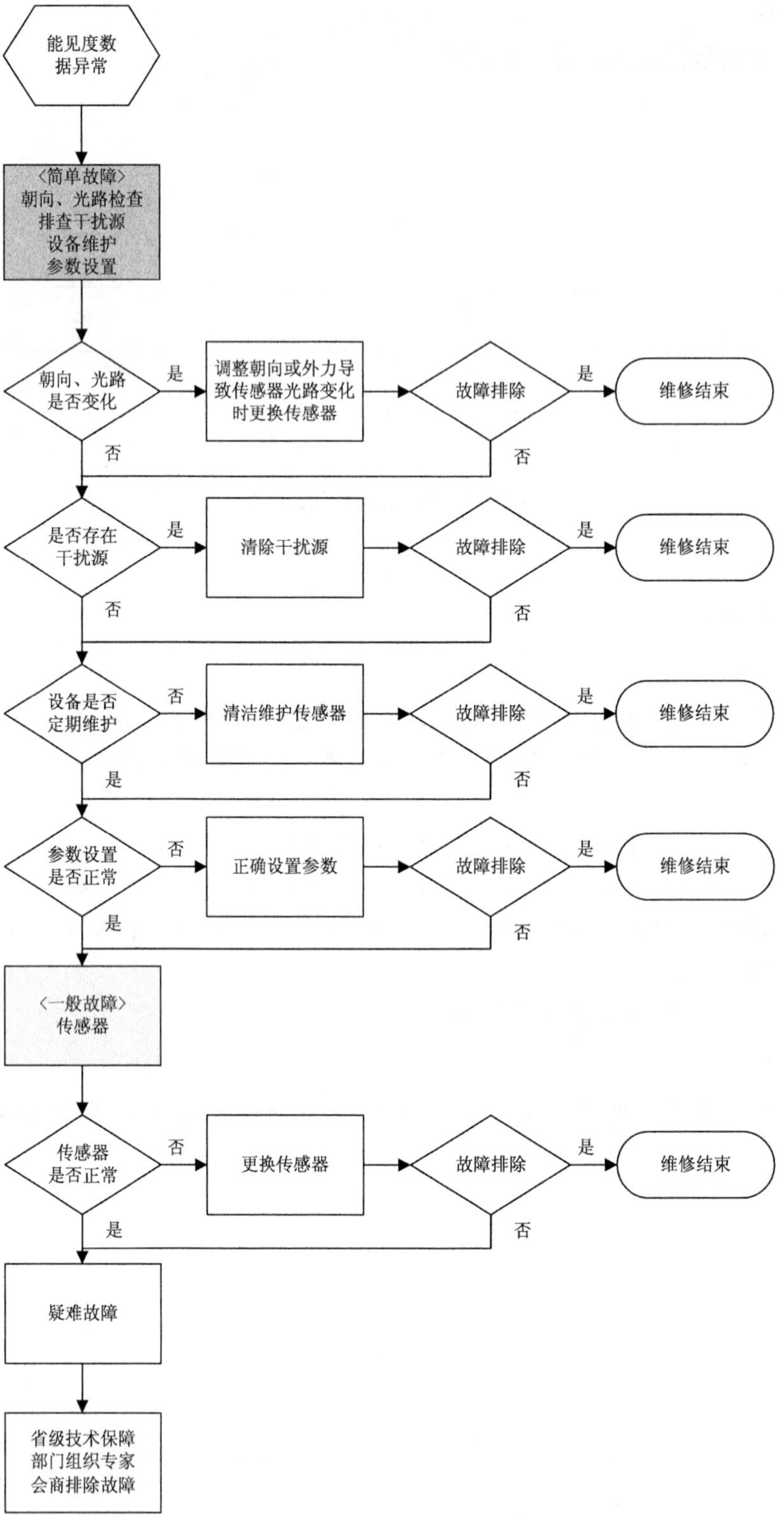
能见度数据异常
〈简单故障〉
朝向、光路检查
排查干扰源
设备维护
参数设置
朝向、光路是否变化
是
调整朝向或外力导致传感器光路变化时更换传感器
故障排除
是
维修结束
否
否
是否存在干扰源
是
清除干扰源
故障排除
是
维修结束
否
否
设备是否定期维护
否
清洁维护传感器
故障排除
是
维修结束
是
否
参数设置是否正常
否
正确设置参数
故障排除
是
维修结束
是
否
〈一般故障〉
传感器
传感器是否正常
否
更换传感器
故障排除
是
维修结束
是
否
疑难故障
省级技术保障部门组织专家会商排除故障

图 F.7　维修流程

F.6　硬件置换流程

F.6.1　传感器置换流程

能见度传感器示意图见图 F.8。

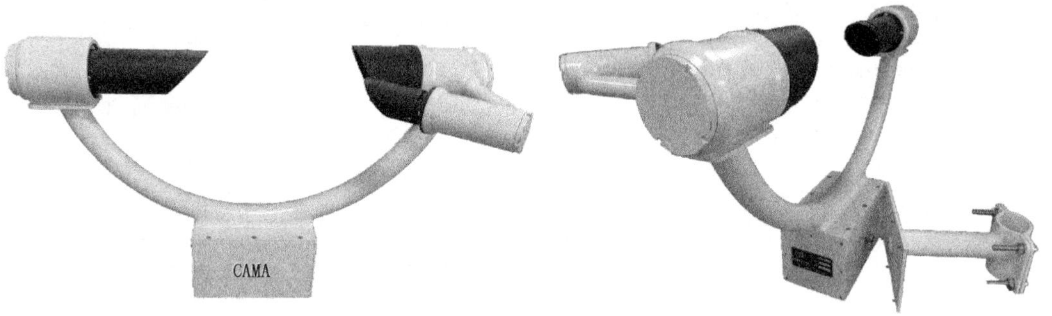

图 F.8　能见度传感器示意图

(1)断开刀片开关,自动站断电。

(2)拆下转接件(控制箱)背板固定螺丝。

(3)分离控制箱与背板连接,动作要轻柔,避免损坏传感器。

(4)露出控制箱内插接在内背板上能见度电缆的航空插头并拆下。

(5)替换上新传感器,保证航空插头插接牢靠。传感器的发射端位于北侧,接收端位于南侧。光路测量采样区安装高度距下垫面 2.8m。

(6)装上转接件(控制箱)背板固定螺丝。

(7)检查传感器外观,确认无误后给传感器供电。

(8)完成置换。

F.6.2　恢复测试

通过业务软件监控界面查看实时数据,与人工观测能见度对比,确定能见度观测数据正常。

F.7　软件及参数配置

F.7.1　业务软件中能见度挂接

在 ISOS 软件“参数设置/观测项目挂接设置”中,正确挂接能见度传感器。

如图 F.9 所示,选择“/新型自动站/常规气象要素/能见度传感器”项,在后面小框内勾选(不勾选“/能见度”),完成能见度观测要素的挂接。

图 F.9　ISOS 软件能见度传感器挂接示意图

F.7.2　软件查询主采集器能见度通道参数配置

在业务计算机上，通过 ISOS 软件的维护终端或串口调试软件，发送终端操作命令 SENST VI↙(↙为回车命令，下同)检查主采集器能见度通道开启状态。返回值“1”表示能见度通道已开启可正常使用，“0”表示关闭状态。发送 QCPS VI↙和 QCPM VI↙命令，检查数据质量控制参数配置是否正确。

(1)SENST 传感器开启状态

若能见度传感器已启用，输入 SENST VI↙命令查询，正确返回值为〈1〉，“1”表示传感器开启，“0”表示传感器关闭。若能见度传感器未开启，输入 SENST VI 1↙开启，返回值〈F〉表示设置失败，〈T〉表示设置成功。

(2)QCPS 传感器测量范围

通过 QCPS VI↙命令检查传感器测量范围。可配置正确的测量范围，参数：传感器测量范围下限、传感器测量范围上限、采集瞬时值允许最大变化值。

(3)QCPM 质量控制参数

通过 QCPM VI↙命令检查要素的质量控制参数。可配置正确的测量范围，参数：要素极值下限、要素极值上限、存疑的变化速率、错误的变化速率、最小应该变化的速率。

F.7.3　计算机直连能见度传感器参数配置检查方法

计算机直连能见度传感器，运行串口调试软件或超级终端软件，正确设置通信参数 600 O 7 1。传感器上电后，软件回显窗显示如图 F.10 所示。

若返回错误或不可识别字符，说明通信参数设置错误，重新检查通信参数设置情况。

(1)读取参数命令

输入：PAR<CR><LF>

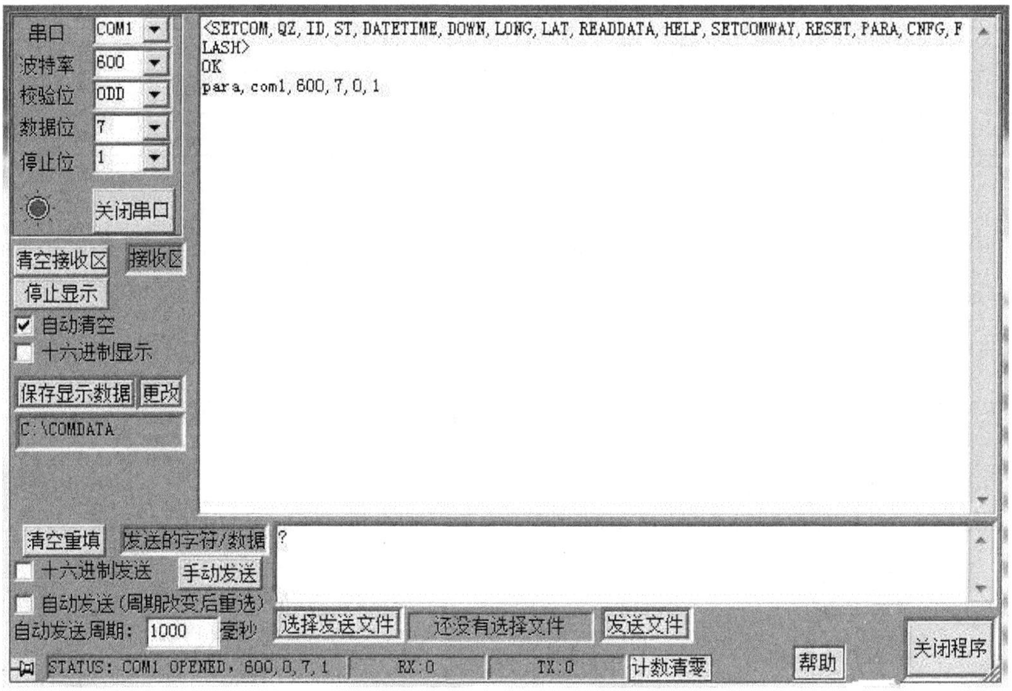

图 F.10　软件回显窗口

回显:PA1 ××××× ××××××<CR><LF>

PA2 ××××× ××××××<CR><LF>

PA3 ××××× ××××××<CR><LF>

BAUD ×××××<CR><LF>

OVR ××××××<CR><LF>

T50 ××××× T25 ××××× T0 ××××× T_45 ×××××<CR><LF>

VER CJY－1GJ 1.0<CR><LF>

(2)参数设置命令

参数 1 设置命令:PA1 ××××× ××××××<CR><LF>

仪器回传:OK<CR><LF>

参数 2 设置命令:PA2 ××××× ××××××<CR><LF>

仪器回传:OK<CR><LF>

参数 3 设置命令:PA3 ××××× ××××××<CR><LF>

仪器回传:OK<CR><LF>

(3)通信波特率设置命令

设置命令:BAUD ××××<CR><LF>

××××的数值范围:300,600,1200,2400,4800,9600。

F.7.4　系统通信参数及数据格式

(1)系统通信参数见表 F.5。

表 F.5 系统通信参数

波特率	校验位	数据位	停止位
600	ODD	7	1
福建省 DNQ3 通信波特率为 9600,ODD,7,1			

(2)数据格式

能见度仪每分钟输出:1 分钟能见度值,10 分钟能见度值,每分钟能见度信号值以及仪器的状态码。

具体数据格式:CJY Vvvvv Vvvvv Eeeee Ttt Vvv Ccc Ss ch(13)ch(10),释义见表 F.6。

表 F.6 能见度信号值及仪器的状态码

序号	字段	字节	放大倍数	单位	说明
1	CJY	3			协议字头
2	Vvvvv	5		m	1 分钟能见度值
3	Vvvvv	5		m	10 分钟能见度值
4	Eeeee	5			每分钟能见度信号值
5	Ttt	3			温度信号
6	Vvv	3			能量电压信号
7	Ccc	3	×0.1		+12V 电源电压
8	Ss	2			报警值: 00 正常,01 电源报警,02 接收器失明,03 接收器故障